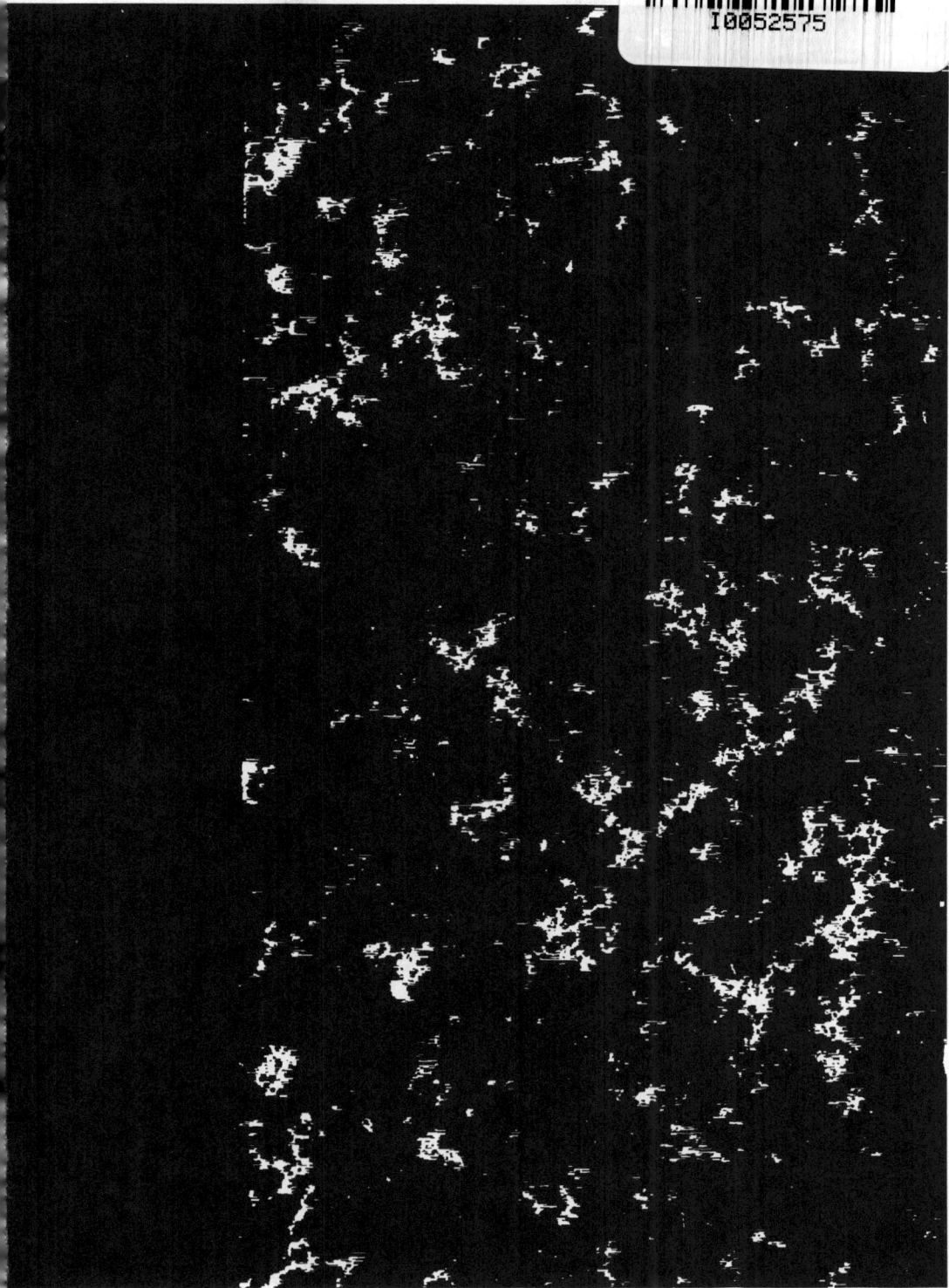

2508

LA

FAUCONNERIE

ANCIENNE ET MODERNE

PARIS. — IMP. SIMON RAÇON ET COMP., RUE D'ERFURTH, 1.

LA
FAUCONNERIE

ANCIENNE ET MODERNE

PAR

J. C. CHENU ET O. DES MURS

SUPPLÉMENT AU TOME DEUXIÈME

DES

LEÇONS ÉLÉMENTAIRES SUR L'HISTOIRE NATURELLE DES OISEAUX

PARIS
LIBRAIRIE L. HACHETTE ET Cⁱᵉ
77, BOULEVARD SAINT-GERMAIN, 77

1862

FAUCONNERIE

Le Faucon monte au ciel avec la rapidité de la prière, il en descend avec la rapidité d'un sort.

Légende arabe.

L'histoire des animaux nous intéresse en proportion des services qu'ils peuvent rendre à l'homme ou des plaisirs qu'ils lui procurent. A ce point de vue, le Faucon a joué et peut jouer encore un rôle très-important. Il y a longtemps qu'on a trouvé le moyen d'exploiter la force et l'instinct destructeur de diverses especes de la famille des Falconidés. Les premiers essais n'ont pas tardé à constituer un art qu'on a toujours mais bien gratuitement considéré comme très-difficile. La fauconnerie a été la distraction favorite de la noblesse de tous les États d'Europe, et, de nos jours, elle est encore très-recherchée par les Orientaux et les Arabes.

Il n'est guère possible d'indiquer exactement l'époque à laquelle remontent les premiers essais de chasse à l'aide d'oiseaux de proie; cependant comment parler de fauconnerie sans commencer par l'histoire de cet art, et, pour nous conformer à l'usage généralement établi, nous devrions à tout prix en découvrir l'origine, perdue dans la nuit des temps. Nous n'entreprendrons pas des recherches si éloignées du but que nous nous proposons. Depuis des siècles les auteurs répètent ce qu'il ont trouvé d'écrit sur l'origine de la fauconnerie, et il serait bien difficile aujourd'hui de rien dire de positif à ce sujet. Que l'Asie ait donné les premiers fauconniers; qu'Ulysse, après la prise de Troie, ait apporté en Grèce l'usage de ce genre de chasse; que les Turcs aient appris aux Perses et aux Arabes à chasser à l'aide du Faucon, comme on dit que les Chinois l'ont appris aux Japonais, le fait est que la fauconnerie a été en trop grand honneur pour que nous ne lui accordions pas une part dans nos leçons, puisque nous devons aborder toutes les questions qui peuvent intéresser les chasseurs.

Messire Arthelouche de Alagona, dans la préface de son *Traité de Fauconnerie*, donne à penser que la volerie était recommandée comme l'exercice le plus favorable aux enfants de bonne maison. « Combien, dit-il, que nul n'ignore que l'antiquité n'ayt eu cela de péculier pour la noblesse, que d'adresser les enfans de bonnes maisons à la chasse, tant pour leur donner cueur et accoustumer aux dangers, comme aussi pour les renforcer et rendre plus usitez au travail et leur oster ceste délicatesse qui suyt les grans maisons : veu qu'à la suyte des bestes, les ruses de guerre y sont observées : car on y dresse un escardron d'abbayeurs, les Chiens courans sont aux flancs pour suyvre l'ennemy, et l'homme à cheval sert de luy donner la chasse lors qu'il se prent à brosser, les trompes n'y manquans pour sonner le mot et donner cueur aux Chiens qui sont en devoire : si bien qu'il semble que ce soit un camp de bataille dressé pour le plaisir de ceste jeunesse. Si est-ce que de la chasse sont procédez de grands malheurs. Meleager en perdit la vie, pour la victoire remportée sur le Sanglier de Callidoine. Le bel Adonis fut tué par un Sanglier. Acteon fut devoré de ses propres Chiens. Cephale y tua sa chère Pocris, et Acaste en fut interdit, ayant occis le fils du Roy qui luy avoit été donné en charge, comme fut Brutus pour avoir tué son pere Sylvius par mesgarde. Un empereur fut occis par la beste qu'il poursuivoit. Un roy en courant à la chasse se cassa le col en tombant de cheval. Que qui craindra ces dangereux effectz qu'il s'adonne à la vollerie, où il trouvera sans doubte plus grand plaisir. »

A n'en pas douter, l'usage de la volerie, tel est le mot consacré, s'est retrouvé dans toutes les parties du monde; mais, de nos jours, il ne s'est conservé, en Europe, qu'en Hollande, en Russie et en Angleterre.

En France, jusqu'à l'abolition de la féodalité, les rois et les grands seigneurs entretenaient de grandes fauconneries; une fauconnerie était une des principales dépendances d'un domaine, et l'on jugeait souvent de la valeur d'une terre seigneuriale par l'importance de l'équipage qui s'y trouvait. L'envoi de quelques beaux Faucons était un cadeau royal, et l'on sait que les rois de France en recevaient du Nord, du Midi et de l'Orient pour l'entretien de leur fauconnerie.

« Le plaisir de la volerie, dit Lacurne de Sainte-Palaye, étant réservé à la noblesse, et les dames le partageant avec les gentilshommes, il ne pouvait manquer d'être en honneur. Les gentilshommes y trouvaient sans cesse de nouvelles occasions d'exercer cette galanterie qui a toujours fait le caractère des Français. Chacun s'empressait de témoigner combien il était jaloux de plaire à sa dame, par les soins et les attentions qu'il avait pour son oiseau; il fallait savoir le lâcher à propos; il fallait le suivre à toute vitesse, ne le jamais perdre de vue, l'animer de la voix, aller promptement détacher de ses serres la proie dont il s'était saisi, le faire revenir au leurre, le rapporter triomphant, l'en-chaperonner, le présenter et enfin le replacer avec dextérité sur le poing de sa maîtresse.

La fauconnerie subsista dans son éclat jusqu'au siècle dernier, et ne cessa d'être en faveur que depuis l'invention du menu plomb. Cette découverte rendit l'exercice de la chasse plus facile et plus commode, mais aussi elle le réduisit au seul plaisir de voir tomber le gibier sous les coups du chasseur. Elle en bannit ce qui autrefois en faisait le plus grand agrément, la présence des dames. En effet, il ne s'en trouve maintenant qu'un très-petit nombre qui osent se familiariser avec le bruit des armes à feu et avec l'idée des dangers auxquels leur usage expose quelquefois.

La charge de grand fauconnier était très-recherchée; Jean de Beaune, grand maître de la fauconnerie du roi saint Louis, tou-chait pour sa charge 3 sols parisis par jour. Etienne Grange, sous Philippe le Hardi, vit bientôt augmenter ses émoluments; il touchait 4 sols parisis par jour, plus 100 sols pour manteaux à vie. Charles le Bel se montra plus généreux encore; il accordait à Etienne de Montguyard, son grand fauconnier, 5 sols parisis par jour, plus 12 livres 10 sols par an, pour manteaux, à prélever sur la prévôté d'Orléans. Ne pouvant ici faire l'histoire des grands maîtres des fauconneries royales, nous arrivons à René de Cossé, qui eut cette charge pendant le règne de François Ier; il avait déjà de fort beaux émoluments et cinquante gentils-hommes appointés sous ses ordres, ainsi que cinquante fau-conniers, qui recevaient 200 livres par an et entretenaient trois cents oiseaux. Louis XIII est, de tous nos rois, celui qui a eu le plus de passion pour la fauconnerie; il faisait des dépenses énor-mes pour le temps, et, comme nous le verrons bientôt, il chassait presque tous les jours avant d'aller à la messe. Le dernier capitaine de fauconnerie, sous Louis XVI, fut le marquis de Forget, qui avait sous ses ordres un des plus habiles fauconniers de la Hollande,

Fig. 1. — Vol du Héron.

Van den Heuvel, mais Louis XVI ne fit aucune dépense extraordinaire, et chercha même à réformer beaucoup d'abus. Le grand fauconnier avait certains privilèges; il pouvait chasser en tout temps et en tous lieux; il nommait les chefs de vol et les gardes des aires des forêts royales. Sa juridiction s'étendait même sur les marchands oiseleurs. Lui seul avait le droit de présenter le Faucon au roi et de le lui mettre sur le poing. « Il n'y avait qu'un seul cas où le grand fauconnier ne jouissait pas de cette prérogative. C'était à l'occasion de la réception annuelle par le roi de douze oiseaux envoyés par le grand maître de l'ordre de Saint-Jean de Jérusalem. Ces oiseaux étaient présentés au monarque par un chevalier français de l'ordre, et ce chevalier recevait en cadeau la somme de 3,000 livres et les frais de son voyage. »

Les goûts des rois sont généralement partagés par toute la noblesse, aussi, « autrefois, tous les gentilshommes riches ou pauvres chassaient au Faucon; ceux même pour qui la chasse n'était point un plaisir avaient des oiseaux pour entretenir noblesse. » C'est à cette occasion qu'on donna aux gentilshommes campagnards le surnom de hobereaux, « parce qu'ils voulaient faire montre de plus de moyens qu'ils n'avaient, et que, ne pouvant avoir de Faucons, qui coûtaient fort cher d'achat et d'entretien, ils chassaient avec le Hobereau, qu'ils se procuraient facilement, et qui amenait à leur cuisine Perdrix et Cailles. »

La fauconnerie fut la passion des grands seigneurs du moyen âge et de la Renaissance. Elle était tellement en honneur autrefois, dit Elzéare Blaze, qu'un gentilhomme et même une dame châtelaine ne paraissaient pas en public sans avoir le Faucon sur le poing. Beaucoup d'évêques et d'abbés les imitaient : tous entraient dans les églises avec leurs oiseaux, qu'ils déposaient pendant l'office divin sur les marches de l'autel. Les prélats les mettaient du côté de l'Évangile, s'attribuant ainsi la place d'honneur; les seigneurs laïques les plaçaient du côté de l'Épître. Dans les cérémonies publiques, dans les réceptions solennelles, les nobles hommes portaient un Faucon sur le poing droit, comme ils portaient une épée sur la cuisse gauche. Les prélats eux-mêmes se délassaient de leurs graves occupations en chassant au Faucon; mais, comme ils ne voulaient pas se donner la peine de dresser les oiseaux, certaines redevances leur accordaient des Faucons apprivoisés et exercés à la chasse. Ainsi la terre de Maintenon devait, tous les ans, à l'évêque de Chartres, « un Espervier armé et prenant proye, » c'est-à-dire dressé à la chasse, garni de jets, de sonnettes, de chaperon, etc. Denys, évêque de Senlis, et Philippe de Victri, évêque de Meaux, sont cités par Gace de la Vigne comme auteurs de traités sur la fauconnerie. Enfin, un homme de qualité ne voyageait pas sans ses Faucons et ses Chiens.

Dans son magnifique ouvrage sur la chasse au vol, Schlegel dit que la fauconnerie, après avoir fleuri, en Europe, depuis son introduction au quatrième siècle de notre ère jusque vers la fin du dix-huitième, commença, dans les dix dernières années de ce siècle, à tomber successivement en désuétude dans les différents États du continent; elle fut complétement oubliée pendant les guerres dans lesquelles presque toute l'Europe fut engagée depuis la grande révolution française jusqu'à la paix générale, en 1815; et ce ne fut que de nos jours que l'on s'efforça de faire revivre, sur quelques points de l'Europe, un art qui avait fait pendant tant de siècles les délices de nos ancêtres. Les auteurs modernes qui, dans leurs écrits, ont parlé de l'histoire de la fauconnerie, ont généralement attribué la décadence de cet art aux causes suivantes. Ce seraient, selon eux, la diminution du nombre, et par suite le prix élevé des Faucons, l'invention du petit plomb, ainsi que le goût universel de la chasse au fusil, et la culture toujours croissante des terres. Pourtant il est facile de réfuter ces assertions. Les essais de fauconnerie faits de nos jours ont prouvé la possibilité de se procurer des Faucons en nombre suffisant pour exercer toutes sortes de chasses au vol. Il est vrai que l'invention du petit plomb, dans la dernière moitié du dix-septième siècle, a beaucoup contribué à rendre le goût de la chasse au fusil plus général qu'auparavant; mais nous avons vu que la fauconnerie florissait encore, pendant la plus grande partie du siècle passé, dans la plupart des pays de l'Europe. La culture plus étendue des terres enfin a pu contribuer à restreindre l'exercice de la chasse au vol, mais non pas influer de manière à le rendre tout à fait impossible. Nous ajouterons que la plus puissante de ces causes se trouve dans la ruine successive des priviléges seigneuriaux, dont le vol à l'oiseau tirait son principal éclat, et dans la division de la propriété qui en a été la conséquence, le dessèchement des marais, l'envahissement de la vigne sur tous les coteaux, et enfin le défrichement des forêts.

On ne peut nier que le goût individuel des princes qui ont été successivement à la tête des différents États de l'Europe n'ait très-souvent contribué d'une manière sensible à faire fleurir ou languir la chasse au vol dans les pays qu'ils gouvernaient; mais ces sortes de fluctuations ont existé à diverses époques de l'histoire, et elles sont demeurées sans effet hors des limites du pays où elles avaient lieu. Néanmoins, il fallait des circonstances plus puissantes que celles que nous venons d'énumérer, pour amener la décadence d'un art cultivé par tant de peuples, avec tant d'amour, tant de délire, et pendant une si longue suite d'années.

Le bouleversement général de l'ancien ordre de choses, et plus de vingt ans de troubles tels que l'Europe n'en avait pas essuyé depuis des siècles, suffirent pour faire oublier un exercice qui rappelait trop ouvertement la somptuosité et les profusions des temps passés, pour ne pas encourir désormais la désapprobation publique. Les fauconniers existant alors, ne trouvant plus d'emploi, se virent pour la plupart obligés de chercher d'autres occupations; ils vieillirent ou moururent, et leurs fils, n'ayant aucune perspective de gagner leur vie en se vouant à l'art de la fauconnerie, abandonnèrent le métier de leurs pères ou furent appelés sous les armes.

Les derniers fauconniers habitaient, en Hollande, le village de Valkenswaard. Cependant on en trouve encore, et, tous les ans, une nombreuse société (Hawking-club) se réunit, du 15 mai au 15 juillet, dans une dépendance du château royal de Loo, pour voler le Héron. La société est présidée par Sa Majesté le roi des Pays-Bas, et prend chaque année de cent à deux cents Hérons.

Avant de parler de la fauconnerie moderne, il n'est pas sans intérêt de rappeler quelques-uns des usages établis autrefois, et d'Arcussia nous fera connaître, mieux que nous ne pourrions le dire, l'état de la fauconnerie de Louis XIII et des vols auxquels ce roi s'exerçait avec passion :

Le Roy s'exerce à toutes sortes de vols; et se peut dire avec vérité qu'il n'y a fauconnier au monde qui luy puisse rien apprendre en cette science. J'en parle pour en avoir veu les effects. Et si je diray encore qu'il n'y a sorte d'oyseau que les siens ne prennent; les Aigles mesme ne s'en peuvent sauver. Je sçay bien qu'on me dira que pour s'attaquer au grand Aigle noir, il n'y a point d'oyseau qui entreprenne de le lier : mais de le mettre bas à force de corps, les oyseaux du Roy le feront fort bien si on leur en fait voir, et moyennant le secours qu'on leur donnera, ils le feront mourir aussi facilement qu'ils prennent l'Aigle pescheur, la Buse et le Corbeau. Or j'ay estimé estre à propos de faire voir à combien de vols Sa Majesté s'exerce et la plus part de son invention; et quels oyseaux ont été pris par les siens. Je les mets icy par rang et premièrement.

Le vol du Millan, de l'Aigle pescheur, du Millan noir, de la Buse et autres semblables oyseaux, se faict avec des Gerfaux, Tiercelets de Gerfaut et Sacres.

Le vol du Héron, avec des Gerfaux, Tiercelets de Gerfaut, Sacre, Sacrets et Faucons.

Le Fauperdrieu (le Busard), le Jean-le-Blanc, l'oyseau Sainct-Martin et le Chahuan se prend avec les Faucons qui volent pour Corneilles.

La Canne petière, le Courly, le Choucas, le Hobereau, le Corbeau, la Corneille et l'Esparvier, par Faucons.

Le Canard, par Faucons; c'est le vol pour rivière.

Le Gabereau, la Poule d'eau, la Chouette, l'Arondelle de mer, la Cresserelle et le Vaneau, par Tiercelets de Faucons.

Le Butor, par Sacrets.

La Perdrix, par Laniers, Sacres, Sacrets, Faucons et Tiercelets, Autours et Tiercelets et Alethes.

La Caille, par Esparviers et Emerillons.

L'Estourneau, par Emerillons.

Le Lievre, par Gerfauts, Alphanets, Sacres, Laniers, Faucons et Autours.

Le Connin (Lapin), par Autours et Tiercelets.

Le vol de la Pie se faict par Tiercelets de Faucon et Esparviers en compaignie.

La Huppe se prend avec deux Emerillons.

Le Geay, le Pinson, la Gorge rouge, le Verdier, le Pesche-Veron (Martin pescheur), la Mésange, le Rossignol, le Pivert ou Becheboys, par Esparviers.

La Pie grièche, par trois Emerillons ou l'Esparvier.

Le Merle, par Emerillon ou l'Esparvier.

L'Alouette legere et le Cochevy, par deux Emerillons.

La Grive, par trois Emerillons.

Le Ralle d'eau et Ralle des champs, par Esparviers.

Le Moyneau, par Esparviers et Pigriesches.

Le Burichon ou Roytelet, par Esparviers, Emerillons et Pigriesches.

Ordre de la fauconnerie du Roy.

Le Roy se leve au point du jour, prie Dieu en son oratoire;
puis desjeune : cela faict il monte au cabinet des oyseaux où il y
a des Gerfaux blancs et d'autres, des Tiercelets de Gerfaut blancs
et autres, des Laniers communs et Lanerets, des Alphanets qu'on
dit Laniers de Tunis et Lancrets Tunissiens, des Sacres et Sacrets, des Laniers de Russie et leurs Lancrets, des Faucons pele-
grins, des Faucons gentils, des Faucons niais, des Faucons ante-
naires, des Faucons muez des champs et des muez en main
d'homme, des Faucons tagarots et leurs Tiercelets de toutes sortes; des Alethes, des Emerillons, des Autours et Tiercelets, des
Esparviers et Mouchets, des Hobereaux, des Cresserelles, des
Pigriesches, des Falquets : et generalement de toutes espèces
d'oyseaux de proie; desquels le sieur de Luyne en a la charge,
pour estre lesdits oyseaux du cabinet du Roy; et soubs le dit
sieur de Luyne, le petit Buisson et son frère que Sa Majesté
nomme Buissonnet.

Monsieur le Baron de la Chastaigneraye est grand fauconnier
de France, et en cette qualité tous ceux qui tiennent des oyseaux,
portants les vervelles du Roy, le recognoissent comme a esté jugé
par arrest du conseil : ledit sieur Baron m'a asseuré avoir ceste
année sept vingts pièces d'oyseaux sous sa charge, pour laquelle
il a payé cinquante mille escus à monsieur de la Vieville.

Le sieur de Luyne a la charge du vol pour Millan, duquel le
sieur de Cadenet son frere est ayde : pour ce vol, il y a dix hommes entretenus. Outre cela, il y a un vol pour Corneille et autre
vol pour les champs et le vol des Emerillons.

Le vol du Héron est sous la charge du sieur de Lignié. Il a
douze oyseaux entretenus, bien qu'apresent il y en ayt plus :
outre cela il a quatre Levriers et quinze hommes.

Pour le vol de Corneille, les sieurs de Villé et de la Roche, le

tiennent à moitié. Ils ont vingt-quatre pièces d'oyseaux entretenus et seize hommes.

Le vol des champs est en la charge du sieur de Lasson, qui
pour cest effect a certain nombre d'oyseaux entretenus, six
hommes et dix huit Épaigneux : il a aussi le vol pour Pié de la
grande fauconnerie.

Fig. 2. — Groupe de chiens, d'après une gravure du temps.

Le vol pour rivière a pour chef le sieur du Buisson. Il a six
hommes entretenus et huit oyseaux. Il faut noter que de chasque volerie il y a double vol.

Il y a un vol pour Héron et un autre pour Corneille sous le
maistre de la garderobe, tenu par le sieur de Bay, où sont entretenus seize hommes et dix-huit oyseaux; les chefs sont, le

comte de la Roche-Foucaut et le marquis de Rambouillet, mais-
tres alternativement de la dite garderobe.

Plus à la chambre, soubs le premier gentilhomme, il y a un
vol pour les champs tenu par le sieur de Rambure, de quatre
oyseaux et dix-huit Epaigneux et trois hommes entretenus.

Le sieur de Rouilly, tient un vol pour Pie, de quatre oyseaux
et d'autant d'hommes.

Monsieur de Pallaiseau a encore un vol pour rivière dont il a
d'entretenement quatre cens escus par an.

Comme le Roy va à la chasse et à quels jours.

Les jours pour le plaisir de la chasse du Roy sont le lundy, le
mercredy et le samedy : il y va aussi les autres jours, s'il n'y a
affaires importans. Le dimanche il l'employe à servir Dieu, pour
estre Sa Majesté le fils aisné de l'Église en effect comme de nom :
et mesmes les jours de chasse il n'y va jamais en hyver qu'il
n'ait ouy sa messe de grand matin : Puis il desjeune; et à dix
heures, entre dans son carrosse et s'en va, ou vers le bois de Vin-
cennes ou vers Sainct-Cloud, ou du costé de Sainct-Denys; estans
les issues de Paris extremement belles et propres aux vols auxquels le Roy se plaist le plus. Il a d'ordinaire, outre monsieur
le Baron de la Chastaigneraye grand fauconnier de France, un
bon nombre de seigneurs qui l'accompagnent et sa compagnie de
chevaux-legers conduite par monsieur de la Curée. Monsieur de
Luyne qui a les oyseaux du cabinet, le vol pour Milan et les
Emerillons où Sa Majesté se plaist grandement est tousjours près
de luy; comme sont aussi les sieurs de Cadenet et de la Brandes,
ses frères; estants tous trois des plus accomplis gentilshommes de
la cour, et dont Sa Majesté fait beaucoup de cas, tant pour leur
mérite en toutes choses, que pour estre particulièrement très
capables en cette science. Et je puis dire que jamais on ne vola
si bien en France qu'on fait aujourd'huy. Jamais Roy n'eut tant

ne de si bons oyseaux que Sa Majesté a de present. De toutes
parts on les luy apporte sçachant comme il les ayme. Les Grecs
lui apportent les Sacres, les Hollandais les Gerfauts : le present
annuel vient de Malte, duquel Sa Majesté me donna de sa Grace
un Sacret le moys passé, que je cheris à l'esgal de ma vie, le
nommant Real, parcequ'en me le donnant elle l'honora de ce
nom, et me commanda de le nommer ainsi. Je dis aussi que jamais Roy n'eut de personnes plus propres pour faire bien voler
que maintenant; et qu'on regarde depuis le premier vol jusques
au dernier, tout y va par ordre. En ceste suite de chasse il fait
beau voir tous ces chefs des vols suivis de cent ou six vingts fauconniers portant les oyseaux, et tous vestus des livrées de Sa
Majesté : Puis quatre autres portans les Ducs pour attirer le Milan, les Corneilles, la Buse, la Cresserelle, le Corbeau, le Faux
Perdrieu et autres oyseaux qui viennent au Duc pour le buffeter.
Ces quatre, aussi tost que le Roy est à demye lieue des faubourgs
de Paris, et en part où l'on puisse commencer à voler, vont deux
deçà et deux delà des aisles du chemin que Sa Majesté fait : et
faisant voler leurs Ducs, ils attirent de toutes sortes de ces oyseaux : et aussi tost qu'on les voit venir on crié pour advertir :
Milan Milan, Corneille Corneille, ainsi des autres. Et s'il se
trouve quelque soupçon d'empeschement, soit de quelque bois,
ou maison des champs, ou village trop proche, on jette un Duc
à cinq cens pas de l'autre; et de l'un à l'autre on attire ces oyseaux en lieu où se puisse voler commodément, esloignant par
cette ruse les Corneilles ou autres oyseaux de leurs retraittes.
Alors sortant le Roy de son carrosse, il monte à cheval et incon-
tinent on luy apporte tel oyseau qu'il demande, ou bien le grand
fauconnier présente à Sa Majesté, l'oyseau le plus propre à ce
qu'on prétend de voler. Et à ce point chacun s'arreste pour
n'approcher trop le Roy et ne luy donner de l'empeschement à
son vol.

Un jour j'accompagnay le Roy à la chasse, où je vy voler admirablement ses Emerillons. Ce fut entre Sainct-Denis et la Chapelle où va Sa Majesté le plus souvent pour estre l'endroit commode à trouver de quoy employer les Emerillons que le Roy prend plaisir de voir voler. On ne fut longuement en chasse qu'on crie Cochevy-Cochevy. Lors le sieur de Luyne, qui a ce vol, presente à Sa Majesté un Emerillon nommé la damoyselle. Il en prend un autre dit le Moyneau Tiercelet. On fait partir le Cochevy qu'on avait remarqué. Mais il ne vola guiere pour estre trop rudement poussé et fut pris sans se deffendre, dont les oyseaux en furent puz. Sa Majesté qui veut tout voir voler, demande d'autres Emerillons. On lui apporte le Fousque qu'il prend sur son poing, et le sieur du Buisson en avait un autre dit la Baronne. On crie : Sa Majesté s'en va ou était le Cochevy; on le faict partir par son commandement. Sa Majesté jette aussi tost : mais par malheur au mesme instant une trouppe d'Alouëttes légères partent que les Émerillons entreprennent; et les suyvent si haut que nostre veuë nous défaillit à tous. Lors les piqueurs, qui d'un costé, qui de l'autre, font telle diligence qu'en peu de temps ils furent de retour et presque aussi tost qu'on put trouver de quoy voler. Le Roy fut bien content d'avoir vu faire un si grand effort à ses Emerillons sans les perdre. Un peu après on voit un Cochevy. Le Roy averty, s'approche pour jetter à propos : ce qu'il fit parfaictement bien : car les Emerillons l'avouent ensorte qu'ils ne le quiterent jamais, encore que le Cochevy passast au milieu d'une trouppe d'Alouëttes légères pour se sauver et donner le change. Après il monta d'extrême hauteur : mais les Emerillons le ramenerent à bas après plusieurs atteintes. En fin le Cochevy gaigne une vigne, où il fut aussi tost pris en vie par les laquais. Au même instant les Emerillons estans encores en aisle, part sous eux une Alouëtte légere que les Emerillons choisissent et les voila apres, tantost haut tantost bas; en fin ils la travaillent tant, que ceste pauvre beste se rendit d'où elle était partie, et l'ayant prise les oyseaux en eurent plaisir et en furent puz, avec bonne chere qu'on leur en fit. Et m'approchant de là, Sa Majesté me fit voir que c'estoit une Alouëtte legere, à quoy j'avois doute auparavant.

Un autre jour le Roy estant à la chasse vers le Bourget, les piqueurs qui estoient en queste, vindrent rapporter à monsieur le Baron de la Chastaigneraye, qu'ils avaient descouvert des Hérons. Il le vint aussi tost dire à Sa Majesté. En mesme temps on descouvre une trouppe de gens de cheval; et fut jugé que c'estoit la Reyne par les chevaux blancs qui tirent son carrosse : dont le Roy voulut l'attendre pour luy donner ce plaisir. La Reyne estant arrivée, on apporta au Roy un Gerfaut nommé la Perle, qui hormi les aisles, est blanc comme un Cygne, et fut présenté à Sa Majesté par monsieur le grand fauconnier, lequel après en porta un autre à la Reyne. Mais a cause que le temps estoit quelque peu humide, elle ne voulut quiter son carrosse; qui fut cause qu'il s'arresta près d'elle pour tenir son Gerfaut, et le jetter à point nommé. En après le Roy commanda d'attaquer le Héron. Le sieur de Ligné s'en va le faire partir et jette en queue un Tiercelet de Gerfaut nommé le Gentilhomme, oyseau bien dressé pour hausse pié. Alors on tira quelques coups d'escopette pour faire mieux monter le Héron. Le hausse pié le mena aussi haut que nostre veuë pouvait porter. Ce que voyant Sa Majesté, qui avoit son Gerfaut sur son poing, les aisles ouvertes, s'apprestant pour l'effet auquel on le vouloit employer, commence à le descouvrir, l'ayant longuement tenu en patience, pour mieux faire voir la gaillardise de son oyseau par un admirable jet. Ce Gerfaut blanc ayant bien aveüé le Heron, part du poing du Roy; la Reyne fait jetter le sien partant presque aussi tost l'un que l'autre. Or à mesme dessin ces oyseaux vont par différente carrière, et montant sur queue, font si bien qu'en peu de temps ils

Fig. 3. — Vol de la Pie.

2.

se trouvent de hauteur presque esgale. Et lors le hausse-pié qui
void approcher son secours redouble sa diligence, ensorte que les
trois assaillans se trouvent à qui donnerait le premier. Or voicy
le combat qui commence : Le hausse-pié donne la première atteinte; chacun des autres en fait sa part à son tour. Le Héron
tient tousjours le bec droict de l'oyseau qui plus l'approche en
tirant des estoquades. Les trois lui font chacun leur assaut, si
bien qu'en fin le Héron print l'espouvante, et ne sçachant comme
résister, se laisse choir en bas, les aisles ouvertes, les pieds devant, et le col en haut. En cest estat, un des Gerfauts, nommé
la Perle, le lia et mena à bas : Estant à terre aussi tost qu'il sent
approcher les Levriers, il eschappe et repart, mais en vain; car
la Perle le lia encore et le retint sans autre secours. Qui n'a veu
à ce vol les Levriers qui sont pour secourir les oyseaux, il ne
pourroit le croire, mesmes lorsqu'ils attendent la cheute du Héron; ils vont courant qui deçà, qui delà à toute leur force, ayant
tousjours les yeux en haut pour aveüer les oyseaux et se trouver à
la cheute pour avoir leur part à la victoire, et s'ils ont rencontre de
quelque fossé; les voilà dedans sans y prendre garde. Or le Héron
estant pris, on fit plaisir aux oyseaux; et comme on les vouloit
paistre, on descouvre encore un autre Héron en ceste même
prairie d'où le premier estoit party, qui n'osoit se bouger, tant
il avoit l'alarme d'avoir veu mal mener son compagnon. On le
dit à Sa Majesté. En ceste attente les fauconniers tardent de
paistre et amusent les oyseaux. Sa Majesté mande qu'elle vouloit
encores voir ce plaisir. La Reyne qui estoit desja partie pour s'en
retourner à Paris, revint encore au mesme lieu d'où elle avoit
veu voler l'autre Heron. Je vous diray que comme ces deux estoient compagnons aux prairies, aussi leur vol fut tout semblable, et firent memes deffenses : et ce en quoy ils furent seulement différents, ce fut que le dernier se jetta dans une basse
cour parmy des Poulles pour donner le change aux oyseaux et

sauver sa vie par ceste ruse. Ce jour mesme le Roy en revenant
de sa chasse, vola en chemin quatre Corneilles, un Fauperdrieu,
une Cresserelle et une Buse; et deux Cochevys que Sa Majesté
avoit pris en venant : de sorte qu'elle rapporta onze testes de sa
volerie.

Il semble que le Roy ait quelque secrette intelligence sur les
oyseaux et une puissance incogneuë aux hommes. Et à la vérité
outre une inclination grande dont il les aime, il a une inimitable
adresse à les traiter, soit à les leurrer ou à les faire voler : ce qui
ne se peut representer par discours. Les inventions que Sa Majesté trouve tous les jours de nouveau, le tesmoignent. Et qui ouït
jamais dire que des Faucons prinssent le Corbeau? Si tant de
seigneurs qui le voyent aujourd'huy ne m'estoient garants, je
n'oserois non plus l'escrire que le reciter. C'est en la presence de
la Royne que ce faict arriva. Le mois de Janvier passé, comme
elle alloit du costé d'Aubervilliers, estant à la promenade dans
son carrosse, un Corbeau vint comme par bravade donner plaisir
à Sa Majesté. Monsieur le baron de la Chastaigneraye fit jetter
deux Faucons après luy, qui l'ayant longuement travaillé et luy
ayant donné plusieurs coups tant à la montée qu'à la descente,
en fin le lierent et le menerent à bas, le tuant à force de coups.
Du depuis il s'en est pris plusieurs autres. Mais que se donne
garde de ne paistre les Faucons de ce past : car à les continuer,
les oyseaux en mourroient. On doit croire que les oyseaux, qui
volent le Corbeau, c'est par colère ou par exercice de courage et
non par appetit. Donc on se conduira bien de ne les faire voller
guieres souvent à ce gibier et ne les paistre de telle prise.

Lorsque le temps détourne le Roy d'aller à la chasse, Dieu
lui fournit de nouveaux plaisirs dans l'enclos du Louvre : car
aussi tost que Sa Majesté sort pour aller au jardin ou aux Tuille-
ries, les Burichons ou Roytelets, Gorge-rouges, Moyneaux et autres petits oyseaux, se viennent rendre dans les cyprez ou dans

les buis des allées, à l'envy l'un de l'autre, comme s'il y avoit entre eux de l'émulation à qui tomberoit le premier entre ses mains. Sa Majesté les vole avec ses Pigriesches ou avec des Esparviers; et cela se fait ordinairement en allant aux Feuillans ou aux Capucins. Une invention a esté trouvée par Sa Majesté qui est à remarquer : car avec des filets ou araignes qu'il a faict faire expressement, il fait couvrir les allées : puis faisant batre au long des bordures, se tenant au bout avec ses Pigriesches, on les luy amene; et comme ils veulent gaigner d'une allée à l'autre ou d'un cyprez à l'autre, Sa Majesté qui les attend, lasche si à propos ses oyseaux qu'ils ne faillent jamais de prendre à trois pas de luy. Un jour l'accompagnant à ce plaisir après qu'il en eust pris demie douzaine, je luy dy que son plaisir ne seroit pas de durée s'il continuoit d'en prendre telle quantité. Et lors monsieur de la Vieville repartit et luy dit, Sire, il vous en parle en chasseur et vous dit vray. Lors Sa Majesté ouvrant sa main montra six testes de sa prise de ceste matinee, et cela faict il s'en alla ouyr sa messe aux Feuillans.

Le Roy prend encores son plaisir à faire voler dans le jardin du Louvre des Allouëttes légeres d'eschape : Et s'il avient qu'il s'en sauve quelqu'une, Sa Majesté ne s'en fasche point : ce qui n'arrive si les Emerillons les aveuent bien. Il fait aussi voler à ses Pigriesches, des Moyneaux d'eschappe et de toutes sortes de petits oyseaux d'eschape, comme il fait encores avec des Esparviers.

Sa Majesté vole aussi dans le jardin, des Pigeons cillez, avec des Tiercelets de Faucon, qui ont été pincetez des serres, afin qu'ils donnent au Pigeon sans pouvoir le lier. Ce qui se fait en cette sorte. Le sieur de Luyne a des Pigeons cillez en quantité, qu'il tient preparez pour le plaisir du Roy. Il en prend un; et ayant Sa Majesté faict délonger les trois Tiercelets ordonnez pour jetter, le sieur de Luyne pousse en haut ce Pigeon; lequel étant

cillé, vole droit vers le ciel; et quand il est de hauteur telle que
Sa Majesté trouve raisonnable, elle commande de jetter. On descouvre aussi tost. Lors on voit monter ses Tiercelets à qui plus
fera diligence : et ayant atteint le Pigeon luy donnent tant de
coups qu'ils le descendent à bas, ne pouvans le lier. Ceste volerie
donne beaucoup de plaisir à Sa Majesté, et fort souvent elle s'y
exerce, quand le temps ou les affaires la retiennent d'aller aux
champs. Sa Majesté a deux vols exprès pour le Pigeon cillé, de
trois Tiercelets chacun : elle y employe aussi parfois des Emerillons.

Le sieur de Ligné ayant eu congé du Roy d'aller voler pour
Héron, estant Sa Majesté occupée aux affaires; comme chef de ce
vol, il vint luy mesme de sa grace me convier, m'asseurant qu'il
sçavoit de quoy voler. Bien que je fusse indisposé, je me senty
aussi tost gaillard, oyant qu'il me parlait de la chasse; et ne tar-
day pas beaucoup d'estre prest pour monter à cheval et me trouver au lieu assigné pour nous joindre, qui fut à la Chapelle; ou
estant nous prismes le chemin de Saint-Denis. Or marchant
d'affection nous fusmes tost au long des prairies proches de la
Garenne où ses piqueurs descouvrent trois Hérons et le luy viennent aussi tost dire. Prenant résolution de les aller attaquer, le
sieur de Ligné me fit la faveur de me donner un Gerfaut blanc,
nommé la Perle, pour jetter; il en prit un autre qu'on nomme
le Gentilhomme, et un des siens, ayde de ce vol, en print un autre appelé le Pinson. Comme les Hérons nous sentirent approcher, il partent de fort loing : ce que voyant, nous jettons les
oyseaux, lesquels tardent longtemps à les aveüer. En fin un les
void et s'y en va. Les deux le suyvent avec telle ardeur et diligence qu'en peu de temps ils furent à eux; et en attaquent un
qui se deffendit assez; mais il fut si rudement mené qu'il ne peut
rendre grande deffense, et fut pris. Pendant qu'on faisoit plaisir
aux oiseaux, les autres Hérons espouvantez d'avoir veu si mal

traicter leur compagnon, montoient tousjours, et droit au soleil,
pour se couvrir de la clairté; mais on les découvre, dont monsieur
de Ligné me dit, je voy là haut deux Hérons qui montent, je vous
en veux donner un. Sur quoy je respondy, les voyant de telle
hauteur, que les oyseaux auroient bien de la peine d'y arriver.
Alors il jette son Gerfaut. Nous jettons après luy, et les voilà
monter à l'envy avec telle diligence que bien tost nous les vismes
presque aussi haut que le Héron. Puis ayant fait encores un effort pour luy gaigner le dessus, les voilà qui commencent à le
choquer et luy donner des coups si serrez qu'à un instant il s'es-
tonne et le voyons fondre pour gaigner le bois. Nous picquons
après pour mener les Levriers au secours des oyseaux : ce qui
ne fut pas mal à propos; car le Héron se jette dans un taillis, où
nous le prismes en vie, bien qu'il fut osté de la gorge d'un Le-
vrier qui n'eut loisir de l'estrangler; et faisant plaisir du premier, nous remontons après à cheval pour en voller encores un
autre. En marchant monsieur de Ligné donnait l'œil vers le soleil, taschant de voir le troisiesme. En fin un des siens le descouvre à la branloire, et nous le fait voir : dont monsieur de Ligné
me dit, nous avons deux Hérons : l'un est pour vous et l'autre
est pour moy : il faut bien que nos oyseaux aient le leur. Et en
disant cela, il descouvre son oyseau, qui ouvre aussi tost ses
aisles, regardant vers le ciel. Il tarde toutes fois assez de temps
de l'aveüer : en fin il part. Lors nous jettons aussi les autres deux;
ces trois oiseaux prennent differente carriere, se mettant à monter. Je cuidoy remarquer leur action, mais je les perdy bien tost
de veüe; et me résolus en fin de prendre garde au Héron, sçachant bien que c'estoit là où il fallait regarder. Le col me faisait
mal de tenir si longtemps les yeux en haut : mais le plaisir que
j'avois, me donnoit ceste patience pour en voir la fin. Au bout de
quelque temps je descouvre un des oyseaux qui ne paroissoit pas
plus gros qu'un Moucheron. Bien tost après nous en descou-

vrismes un autre et en fin nous les vismes tous les trois. Le premier qui donna, le fit de telle rudesse qu'il ravala le Héron de dix toises; et les deux autres firent leur devoir chacun à son tour, en sorte que le Héron en demeura estonné et fut contraint d'aller en bas. En cest estat un le lie et le descend; les Levriers y accourent et le tuent. Nous arrivons aussi tost; chasque oyseau se trouve à la curée de leur prise : et ainsi nous achevons nostre journée.

Ces descriptions naïves des divers vols donnent bien l'idée des émotions que doivent éprouver les spectateurs. Il y a, en effet, indépendamment de l'intérêt de la lutte, la rapidité de l'attaque, les combinaisons souvent extraordinaires dans la direction du vol du Faucon au moment de son départ, et enfin l'incertitude du résultat.

Quoique notre intention ne soit pas de faire l'histoire de la fauconnerie, nous ne pouvons nous dispenser de dire encore quelques mots des usages établis.

D'après le docteur Franklin et la traduction de son ouvrage par Esquiros, la fauconnerie fut introduite en Angleterre dans le huitième siècle, et elle devint le plaisir par excellence des nobles anglo-saxons. La noblesse se faisait représenter en peinture, en sculpture ou en tapisserie avec un Faucon sur le poing. Sur les murs en ruine de l'abbaye de Knockmoy, comté de Galvay, on voit encore des fresques à demi détruites et représentant trois rois irlandais portant chacun un Faucon sur le poing.

On tirait ces oiseaux du Nord, mais surtout de l'Islande. Une ancienne loi danoise, dont l'esprit se maintint jusqu'en 1758, infligeait la peine de mort à quiconque aurait eu le malheur d'en tuer un. Les hommes dont le métier était de prendre ces oiseaux devaient être Islandais de naissance et munis d'un diplôme; ils étaient, en outre, tenus, sous des peines sévères, de les remettre en mains propres au grand fauconnier du roi de Danemark.

La méthode en usage pour s'emparer du Gerfaut était fondée sur la connaissance des mœurs de ce rapace. En Islande, on attachait un si grand prix à cette capture, que chaque aire était connue et surveillée avec le plus grand soin par les oiseleurs du voisinage. Lorsque les ménages de Gerfauts avaient couvé et élevé leurs petits, on attirait ces derniers dans un piége à l'aide d'une Perdrix ou d'un Pigeon qu'on attachait à terre par la patte. Le roi de Danemark envoyait chaque année en Islande un fauconnier avec deux intendants. A peine débarqués, ces officiers se rendaient à une maison appelée la Fauconnerie du roi. Là ils recevaient les oiseaux de la main des gens qui les avaient pris. C'est vers la moitié de l'été que ces gens arrivaient en grande cérémonie avec leurs Faucons chaperonnés. Le fauconnier examinait très-sérieusement ces oiseaux, rejetait ceux qui étaient jugés d'une qualité inférieure, et portait les autres au roi de Danemark. Les oiseleurs recevaient un certificat écrit et la valeur environ de quatre-vingts francs par oiseau. Les Gerfauts destinés à Sa Majesté Danoise étaient ensuite expédiés sur des vaisseaux, et ils devenaient, pendant la traversée, l'objet de soins tout particuliers.

Il est probable que la chasse incessante qu'on faisait aux Gerfauts islandais a fini par épuiser cette belle et précieuse race. Le fait est qu'ils sont devenus très-rares; mais, depuis bien des années, ils ont eu le temps de se reproduire.

Le Faucon ordinaire, étant le plus facile à se procurer, était, de la part des fauconniers, l'objet de leurs plus constantes préoccupations. Dans les îles Orkney, un peu au nord de l'Écosse, il y avait autrefois une excellente race de Faucons. Un acte du parlement déclarait que ces oiseaux étaient réservés aux plaisirs de Sa Majesté Britannique et que les habitants étaient obligés de pourvoir à leur entretien. Dans quelques parties de ces îles, on observe encore une ancienne coutume qui consiste à réclamer dans chaque paroisse un certain nombre de poules, comme un tribut que les habitants doivent payer au grand fauconnier. Ces volailles étaient, dit-on, prélevées sur la basse-cour des paysans pour la nourriture des Faucons du roi. L'objet de l'impôt a disparu, mais l'impôt est resté.

La fauconnerie était une science; elle avait des professeurs, des livres et une langue à elle.

Il n'y a point d'amusement qui ait été poussé avec tant d'ardeur que la chasse au Faucon, et cela dans toutes les contrées de l'Europe. En Angleterre, un tel exercice était, même avant le temps de Guillaume le Conquérant, l'occupation favorite des familles royales et de la noblesse. Les dames s'y livraient avec autant de plaisir que les gentilshommes. Cette chasse se pratiquait à pied ou à cheval, selon la nature du pays : à cheval quand on se trouvait dans les champs ou dans une campagne ouverte; à pied quand on marchait dans les bois et les lieux couverts. Dans ce dernier cas, le chasseur portait à la main une forte perche pour l'aider à sauter les petits ruisseaux et les fossés qui pouvaient l'embarrasser dans sa marche. Hall raconte que Henri VIII, poursuivant son Faucon à pied à Hitchin, dans le Hertfordshire, essaya, avec l'aide de son bâton, de franchir un fossé qui était rempli d'eau bourbeuse. La perche cassa, et le roi tomba, la tête la première, dans l'eau, où il aurait été suffoqué si un valet de pied, nommé John Moody, qui avait vu de près l'accident, n'eût sauté dans le fossé et tiré d'un si mauvais pas Sa Majesté embourbée.

Il faut au moins trois Faucons, Gerfauts, Pèlerins ou Sacres, pour lier le Héron, sans compter un Chien qui le lève. Il y a le *hausse-pied*, qui attaque le Héron reposé et le force à prendre l'essor, le *teneur*, qui le suit, et le *tombisseur*, qui lie. Chacun combat à son rang, mais veille au salut de ses frères d'armes. Un jour que le roi Louis XIII volait le Héron sous les

3

murs de Paris, il arriva que le hausse-pied reçut une blessure grave à l'attaque; « ce que voyant le second Faucon, ou Teneur, il *donna à plomb si furieusement au Héron, qu'il lui emporta la tête, dont le roi se trouva privé de son droit.* »

L'histoire des amitiés du Chien et de l'oiseau de chasse fourmille de traits piquants.

Un Braque de caractère rassis, dit Toussenel, avait été commis à la surveillance d'un Alphanet de grand mérite, mais difficile à vivre, capricieux, boudeur, et découchant parfois. Au bout de quelques jours les deux bêtes s'étaient prises l'une pour l'autre d'une affection si vive qu'on ne les pouvait plus séparer. La première fois que l'Alphanet fit sa tête et annonça l'intention de passer la nuit à la belle étoile, le Braque commença par épuiser toute son éloquence pour tâcher de le ramener à des principes d'hygiène et de morale plus sains; puis, voyant sa peine inutile, il finit par s'établir en rond au pied de l'arbre que le mauvais coucheur avait choisi pour domicile, et veilla toute la nuit sur lui. Le jour venu, la bête intelligente se rendit au château pour y chercher le garde, et l'amena lui-même sur les lieux, désignant de la voix et du geste l'arbre touffu où le vaurien se tenait caché.

D'Esparron possédait un Lévrier turc parfaitement élevé qui se faisait un plaisir de ramasser tous les Perdreaux que les Faucons avaient abattus, puis de leur tordre le cou et de les restituer ensuite à ceux-ci avec une courtoisie exquise.

Quant à la fidélité du Faucon, l'on n'est embarrassé que du nombre des preuves à choisir dans une foule d'écrits, d'annales, de légendes populaires où il est redit à satiété que le Faucon tombe malade lorsqu'il change de maître, et surtout de maîtresse; qu'il languit de l'indifférence et de l'oubli de celle-ci, et meurt de son absence. Nous citerons seulement, d'après Toussenel, en témoignage de la constance et de la moralité du Faucon, la touchante mésaventure arrivée, du temps des croisades, à un Chabert quelconque des Hautes-Pyrénées.

De retour en sa patrie après un séjour de dix ans en Palestine, où il avait subi quelques avaries et laissé quelques os, l'infortuné chevalier frappe, le soir, à la porte de son castel. Mais il s'annonce vainement comme le maître du logis; personne ne veut le reconnaître. Son épouse volage, qui s'est empressée de convoler en secondes noces sur le bruit de sa mort, est la première à le qualifier d'intrigant; ses anciens serviteurs le bafouent et l'outragent; ses dogues même lui montrent les dents. Une seule voix ose s'élever au milieu de ce chœur de malédictions pour reconnaître l'identité du propriétaire légitime, un seul ami ose témoigner au châtelain délabré sa joie de le revoir : c'est son Gerfaut fidèle.

Nous avons mieux que des légendes pour prouver la fidélité du Faucon à son maître et l'absoudre de ces accusations tendant à dire qu'il n'est pas susceptible d'attachement, qu'on ne peut le dompter que par la faim, qu'il n'est attiré que par le pât, et non par la personne qui le lui montre. C'est l'anecdote suivante, que nous empruntons à un digne émule de M. Saint-John.

« Feu le colonel Johnson, de la brigade des carabiniers à pied, étant encore capitaine, fut envoyé au Canada avec son bataillon. Passionné pour l'art de la fauconnerie, auquel il consacrait beaucoup de temps et d'argent, il emporta avec lui, au delà de l'Atlantique, deux de ses Pèlerins favoris. Tous les jours, pendant le voyage, il leur donnait la liberté, après leur avoir fait prendre *bonne gorge* de viande pour qu'ils ne fussent point tentés de poursuivre quelque Mouette isolée, ou de trop s'écarter du vaisseau. Tantôt ils s'éloignaient rapidement, tantôt ils s'élevaient à perte de vue, sans que les passagers, dont ils charmaient l'ennui pendant ce long voyage, habitués à les voir reparaître, conçussent la moindre inquiétude. Enfin, un soir, après une absence

plus longue que de coutume, un des Faucons revint seul. Après
quelques jours d'attente, le capitaine Johnson se persuada qu'il
ne reverrait plus son déserteur.

« Arrivé en Amérique, il lut avec surprise dans un journal
d'Halifax que le capitaine d'une goëlette américaine était en ce
moment détenteur d'un Faucon qui, pendant sa traversée de
Liverpool aux États-Unis, s'était abattu à bord de son navire. Le
capitaine Johnson, persuadé que ce Faucon ne pouvait être que
le sien, se rendit immédiatement à Halifax, et se présenta chez
le capitaine de la goëlette, lui racontant le motif de son voyage
et le priant de lui faire voir l'oiseau; mais il avait compté sans
son hôte. Jonathan n'était pas homme à se dessaisir de sa prise;
il se refusa positivement à l'entrevue et déclara qu'il ne croyait
pas un mot de cette histoire.

« Le capitaine Johnson, qui avait bien autre chose à faire que
de vider une querelle avec ce farouche Yankee, réprima sa colère
et proposa de soumettre la possession de l'oiseau à l'épreuve d'une
expérience, compromis que plusieurs Américains présents jugè-
rent parfaitement raisonnable et obligèrent leur compatriote à
accepter. Il fut donc convenu que le capitaine Johnson verrait le
Faucon (qui, par parenthèse, loin de témoigner aucun attachement pour personne depuis son arrivée dans le nouveau monde,
s'était montré rebelle à toute espèce de familiarité), et que si,
dans cette entrevue, le Faucon laissait échapper quelque signe
irrécusable de reconnaissance et d'amitié de nature à convaincre
les assistants qu'il retrouvait son maître, mais surtout s'il jouait
avec les boutons de son habit, il fut convenu, disons-nous, que
l'Américain serait tenu d'abandonner toute prétention. L'épreuve
commença immédiatement. Le Yankee sortit et revint bientôt
avec le Faucon, qui, dès que la porte fut ouverte, s'élança de son
bâton sur l'épaule de l'Anglais, qu'il regrettait depuis longtemps;
il semblait ne pouvoir assez lui marquer sa joie de le revoir; il

frottait sa tête contre ses joues et saisissait dans son bec, les uns après les autres, tous les boutons de son vêtement. Ces preuves suffirent : le jury fut unanime et rendit son verdict en faveur du plaignant; il n'y eut pas jusqu'au cœur cuirassé du marin qui n'en fût attendri, et le Faucon fut remis entre les mains de son légitime possesseur. »

Quoi qu'en dise Toussenel, il ne faut pas trop compter sur la fidélité des Faucons : il y a de nombreux exemples de leur fuite précipitée. Nous n'en citerons que deux rapportés par d'Arcussia, et ils donneront en même temps l'idée de la rapidité de leur vol :

« Du temps du roy Henry second, estant y iceluy à Fontaine-bleau, un Sacret de sa fauconnerie s'escarta, suivant une canepetière, lequel, le lendemain, jour de Notre-Dame de Mars, fut reprins en l'île de Malte, ainsi que le grand maître d'icelle, qui pour lors estait, l'escrivit au roy en le luy faisant tenir; et l'année passée, un Faucon que j'avais donné monta en essor à une lieue de Paris, et, le mesme jour, fut reprins à Clèves en Allemagne et rapporté à Paris à Monseigneur de Guyse, à qui il appartenait. »

A cette époque, on ne manquait pas de renvoyer à son propriétaire, dont le nom était toujours gravé sur les vervelles, le Faucon qui avait dérobé ses sonnettes, et les fauconniers avaient grand soin de ces oiseaux jusqu'au jour de leur départ.

Quoique la chasse au Faucon ne soit plus depuis longtemps à la mode en Europe, il ne faut pas croire qu'il en soit de même dans les autres contrées : en Asie et en Afrique, par exemple.

On doit au général Daumas quelques détails sur l'éducation du Faucon et sur le parti qu'on en tire en Algérie. Ces détails sont d'autant plus curieux, que cet auteur les a obtenus de l'émir *Abd-el-Kader*, du kalifa *Sid-Mohamed-el-Mokrany*, et d'autres veneurs africains.

3.

Les Arabes désignent le Faucon sous le nom générique de
Taïr-el-Hoor, l'oiseau de race; ils en connaissent quatre espèces, qu'ils emploient à la chasse; ce sont : *El Terakel, El
Berana, El Nebala* et *El Bahara*. Il est très-difficile de ramener ces espèces à leurs véritables types spécifiques, à cause du
laconisme des descriptions arabes.

Le *Terakel*, que nous supposons être le Sacre, est très-
estimé : c'est le plus grand des oiseaux de race, et sa femelle
atteint quelquefois la taille d'un Aigle ordinaire. Il a le dessus
des ailes noir, le dessous gris, le ventre noir et blanc, la queue
noire, la tête noire; dans son jeune âge, tirant sur le gris, puis
sur le blanc, à mesure qu'il vieillit. Son bec est très-dur et très-
acéré, ses serres solides et vigoureuses.

Le *Berana*, probablement le Faucon de Barbarie, est un peu
moins fort et de moindre taille que le *Terakel*. Ses ailes sont
d'un blanc grisâtre, sa poitrine est blanche, sa queue grise et
blanche; sa tête est multicolore, mais le blanc est encore la couleur dominante.

Le *Nebala* est sans doute le Faucon Pèlerin. La couleur grise
domine; quelques teintes blanches sous les ailes. Le *Nebala* a
les pattes jaunes.

Le *Bahara*, qui nous paraît être une variété de la même espèce, est presque entièrement noir. « *C'est un nègre*, disent les
Arabes; *il ne vaut pas grand'chose.* »

Tous ces oiseaux muent à la fin de l'été, et les Arabes savent fort
bien que le Faucon ne se nourrit que des animaux qu'il a tués.

C'est pendant l'été qu'on cherche à se procurer le Faucon,
afin d'avoir le temps de le préparer pour les chasses, qui n'ont
lieu que vers la fin de l'automne. Pour le prendre, on met un
Pigeon domestique dans une espèce de petit filet dont les mailles
sont faites de poil de Cheval et de laine exubérante; un cavalier
porteur de ce Pigeon va se promener dans les lieux déserts, et

le lance en l'air quand il a vu un oiseau de race; puis il va se
cacher. Le Faucon se précipite sur le Pigeon; mais ses serres
s'embarrassent dans le filet; il ne peut ni les retirer ni s'envoler,
et on s'en empare. Quand le Faucon se voit pris, il ne donne
aucun signe de colère ni de crainte. Il existe au désert un proverbe qu'on répète dans le malheur : « *Thaïr-el-Hoor ila hasnel
ma itkhbotchi :* l'oiseau de race, quand il est pris, ne se tourmente plus. » On dresse un perchoir dans sa tente, et on y attache l'oiseau avec une élégante lanière de *filali,* cuir travaillé
à Tafilalet. Il n'est besoin de dire que l'entrave est mise avec les
plus grandes précautions, pour ne pas blesser l'animal ou l'in-
commoder à l'excès. C'est le maître de la tente lui-même qui,
tous les jours, une seule fois, vers deux heures de l'après-midi,
lui donne à manger. La nourriture habituelle est de la chair
de Mouton crue, très-proprement et très-soigneusement coupée. L'oiseau peut manger à satiété; il doit même engraisser.

Pour ébaucher son éducation, on procède de la manière suivante : On présente le morceau de chair tout entier, en faisant de
la voix un appel trois fois répété, et qui peut être représenté par
cette diphthongue prolongée : « ouye! ouye! ouye! » L'oiseau se
jette sur le morceau, qu'on ne lui abandonne pas, mais qu'il
s'efforce d'arracher; on s'éloigne progressivement, toujours en
lui présentant la chair et en provoquant cette lutte infructueuse,
puis enfin, avant qu'il soit tout à fait épuisé, on lui donne, sur le
perchoir, sa pâture divisée en plusieurs morceaux. On l'a jusqu'alors toujours gardé sous la tente; il est resté encapuchonné
pendant le jour et pendant les premières nuits, jusqu'à ce qu'il
fût familiarisé avec la femme, les enfants, les animaux et les
chiens. Ce dernier point est difficile et n'est jamais atteint complétement. Quand l'oiseau de race en est là, quand il est habitué
à recevoir sa nourriture sur le perchoir, le cercle de sa captivité
s'élargit; on attache le Faucon à la patte avec une corde de poil

de chameau douce et souple, d'une longueur de vingt ou trente
coudées, qui lui permet de sortir, et c'est hors de la tente qu'on
essaye et qu'on répète le manège des appels pour lui donner à
manger, toujours avec une prudente gradation.

On le soigne ainsi pendant longtemps sous la tente; il n'en
sort que pour recevoir sa nourriture. Quand son maître est sûr
de l'avoir habitué à lui, il l'emmène à une assez grande distance,
le portant sur son poing, lui mettant, lui ôtant et lui remettant
son capuchon; mais ce n'est pas sans difficultés, sans de grands
débats que l'oiseau se fait au spectacle extérieur; néanmoins il
s'y accoutume à la longue. A cette époque, on complète l'appri-
voisement de l'oiseau de race, c'est-à-dire qu'avec les mêmes appels, les mêmes alternatives, mais loin de la tente et du douar,
sans capuchon ni lien, on lui donne la nourriture. Aussitôt qu'il
est repu, on lui remet les entraves et le capuchon. Alors son maître le conduit partout avec lui. L'oiseau ne tarde pas à le connaître : le voilà tout à fait privé; mais il n'est que privé, il faut encore le dresser à la chasse, et voici de quelle manière :

On prend un Lièvre, on lui ouvre le cou en ayant soin d'é-
loigner la peau et de bien découvrir la blessure, pour que la
chair paraisse, puis on ôte le capuchon du *Taïr-el-Hoor*, on l'appelle : il vient et saute au cou de l'animal On le laisse déchirer
cette proie, pour qu'il y prenne goût; afin même de l'affriander
davantage, ce jour-là, c'est avec cette chair qu'on le nourrit. On
recommence cette opération sept ou huit jours de suite; mais
alors le Lièvre est vivant. On lui tiraille les oreilles; il mêle, aux
ouye ! ouye ! d'appel du maître, des cris de douleur. Le Faucon
s'élance sur sa tête, s'acharne après lui, s'efforce de l'arracher
aux mains qui le tiennent, et lui dévore les yeux et la langue.
Après cette longue lutte, on ouvre le Lièvre et l'on donne la curée. Cet exercice est répété plus ou moins souvent, selon le degré
de facilité de l'oiseau à s'instruire.

Le temps de la chasse approche : il faut éprouver l'oiseau, savoir s'il a profité de ces leçons si prudemment graduées, de cette éducation si laborieusement soignée, si bien appropriée à sa nature et au genre de plaisir auquel il est destiné. On sort donc à cheval, on emporte le Faucon encapuchonné, on se rend dans une plaine découverte ou sur un vaste plateau; on s'est muni de cinq ou six Lièvres vivants. Arrivé sur le terrain choisi, on prend un Lièvre et on lui casse les quatre pattes, puis on le lâche à la portée de l'œil de l'oiseau; plaintif et criant, il court tant bien que mal. On décapuchonne alors le Faucon, et on le lâche en disant : *Bessem Allah, Allah ou Kebeur*, au nom de Dieu, Dieu est le plus grand. Le *Terakel*, impatient, s'élance droit vers le ciel, et, de très-haut, se précipite sur le Lièvre, qu'il tue ou étourdit d'un coup de ses serres crispées, comme d'un coup de poing. On s'approche de la victime, on la saigne, on l'ouvre, et on donne les entrailles, le foie, le cœur, à l'oiseau, pour qu'il les mange sur place.

Après plusieurs jours de cette épreuve, l'oiseau de race est complétement dressé s'il montre qu'il n'a aucune envie de fuir, s'il attend son maître près de sa proie, et si, malgré sa tendance naturelle à fuir avec elle, il répond à l'appel avant et après s'être emparé du gibier. Cette éducation s'est prolongée depuis l'été jusque vers la fin de l'automne. C'est la saison propice, car l'oiseau ne chasse bien que pendant les temps brumeux, et même les temps froids. Il ne saurait supporter ni les ardeurs du soleil, ni la soif; il quitterait son maître pour aller s'abreuver au loin, et ne reviendrait plus.

A cette époque, on se met en route, après un léger déjeuner, vers onze heures du matin, le Faucon sur l'épaule ou sur le poing; on s'est approvisionné seulement de lait de chamelle enfermé dans des peaux de bouc, de dattes (*deglet ennour*), de pain, et quelquefois de raisins secs. Mais la chasse ne commence qu'après une assez longue course, vers les trois heures de l'après-midi. Les cavaliers sont nombreux; arrivés sur le terrain, ils se disséminent, battent les broussailles, les touffes d'alfa, pour faire lever un Lièvre, qu'on s'efforce de rabattre vers celui qui tient le Faucon. Aussitôt qu'on aperçoit le gibier, on enlève le capuchon de l'oiseau, et on le lâche en lui indiquant du doigt le Lièvre, et en lui disant : *Ha hou !* — Le voilà !

Pendant que son maître prononce le sacramentel *Bessem Allah, Allah ou Kebeur*, au nom de Dieu, Dieu est le plus grand, mots destinés à sanctifier la proie qui n'a pas été saignée, à faire que ce soit un mets permis pour le vrai croyant, l'oiseau part, fait une pointe à perte de vue, tout en suivant le Lièvre de son œil perçant, puis s'abat sur lui et le frappe, soit à la tête, soit à l'épaule, d'un coup de ses serres fermées, assez violent pour l'étourdir ou même le tuer. Les cavaliers, qui l'ont vu descendre, accourent de tous côtés, l'entourent, et le trouvent ordinairement occupé à manger les yeux de l'animal. Pour qu'il l'abandonne, on tire du burnous une peau de Lièvre, qu'on jette un peu plus loin et sur laquelle il se précipite.

Si le Faucon a mangé une partie du gibier, le reste, bien qu'entamé, est une nourriture permise au musulman, parce que cet oiseau de proie est dressé à retourner auprès de son maître quand il le rappelle, et non à ne pas manger le gibier. Ce n'est qu'une fois rentré au douar qu'on donne la curée.

On comprend que, si la nourriture était abondante, excessive même, au moment où l'on voulait apprivoiser l'animal, et en quelque sorte s'en faire bien venir, elle est, au contraire, assez ménagée pendant toute la saison des chasses, afin de ne pas l'alourdir, de ne point le priver de ses moyens, de le rendre, en un mot, bon chasseur, c'est-à-dire ardent et alerte.

Il n'est pas rare, avec deux ou trois Faucons, de tuer dix ou quinze Lièvres. L'oiseau de race peut voler le Lièvre, le Lapin, le petit de la Gazelle, l'Habara (la Pintade), le Pigeon, la Perdrix, la Tourterelle. La chasse de l'Habara a lieu de la manière suivante : On court à cheval jusqu'à ce qu'on ait rencontré des Habaras, qui se trouvent pas couples ou par compagnies de quatre, six ou davantage encore; on a le Faucon sur le poing, on lui ôte le capuchon, on lui montre les Habaras, on l'excite, puis on le lâche en prononçant l'invocation : *Bessem Allah;* il pointe, se précipite sur sa proie, dont il enferme la tête dans ses serres, où il la maintient impitoyablement, malgré les efforts désespérés de sa victime, jusqu'à ce que les cavaliers arrivent et la lui arrachent. L'un d'eux la saigne et donne la curée. « Cette nourriture *grise* l'oiseau de race, » disent les Arabes, soit à cause de sa saveur parfumée, soit parce qu'il est fier de la capture d'un Habara, qui est un morceau de sultan. Aussi, quand il est remis sur l'épaule, il se balance et se dandine, *il fait sa fantasia.* Si l'Habara s'envole, le Faucon s'élance à sa poursuite; tous deux montent ensemble. Le Faucon cherche à le dominer. Quand il y est parvenu, il tombe sur lui avec la rapidité de l'éclair, lui casse d'abord une aile; puis, précipitant sa chute en tournoyant, l'oiseau de race s'arrange de manière à mettre sa victime sous lui, afin que, seule, elle ressente le choc qui doit lui briser la poitrine.

Il y a des Faucons qui ne chassent pas l'Habara. On les dresse rarement pour la chasse de la Perdrix : on craindrait, en les y habituant, de les amener à préférer chasser la plume plutôt que le poil. Quand un oiseau tarde à rejoindre son maître, un cavalier, tenant à la main une peau de Lièvre garnie des oreilles et des pattes, et qu'on désigne sous le nom de *Gachouche,* pousse un temps de galop dans sa direction, lui jette cette amorce en criant : *ouye!* Cette interjection est, si l'on peut s'exprimer ainsi, le vocatif de l'oiseau de race. Quand il est dressé, il ne trahit pas souvent son maître, c'est-à-dire qu'il est rare qu'il le quitte;

cependant on en perd quelques-uns, par suite du goût très-prononcé qu'ils ont pour un oiseau du désert appelé Hamma, et qu'ils poursuivent avec acharnement. En dépit des appellations, des *ouye!* et du *Gachouche*, ils ne reviennent plus.

Le *biaz*, c'est le nom du fauconnier, de celui qui est spécialement chargé de soigner et de nourrir l'oiseau de race, a quelquefois pour son élève une tendresse aveugle, funeste; il le choie, il le nourrit avec excès, et, quoi qu'en dise le proverbe : « L'amour-propre est son seul conseiller, le seul mobile de ses actions, » s'il n'a pas faim, au lieu de chasser, le noble oiseau reprend sa liberté. Il faut d'ailleurs qu'un Faucon soit bien renommé pour qu'on le garde plus d'une année; d'ordinaire, à moins de prouesses signalées, on le lâche après la saison des chasses, quitte à chercher à s'en procurer d'autres à l'époque favorable. On cite, comme des exemples exceptionnels, les oiseaux que l'on a conservés pendant trois ans.

Les tribus du Sahara qui chassent au Faucon sont : dans la province de Constantine, les Douaouda, Selmya, Oulad-Moulat, Oulad-ben-Aly, Sahari, Oulad-bou-Azid, Bahman et Oulad-Zid; dans la province d'Alger, les Bou-Ayche, Oulad-Mokhtar, Oulad-Chayb, Oulad-Ayade, Monidate, Zenakha, Abadlya et Oulad-Nayl; dans la province d'Oran, les Hassena, Rezayna, Oulad-Mehalla, Beni-Mathar, Derraga, Harrar, Angades, Hamyane et Oulad-Sidi-Chikh. Tous les gens de l'Aalfa enfin, c'est-à-dire des contrées où cette plante croît en abondance. Cette chasse se fait donc aussi dans les hauts plateaux, sur la lisière du Sahara.

Quand les *djouad* (nobles) chassent au Faucon, ce sont des rendez-vous de vingt-cinq ou trente personnages, sans compter les serviteurs, et des paris sont souvent engagés. On paye un Faucon dressé d'un Chameau, de cent boudjous, quelquefois même d'un Cheval. Le Faucon fait partie de la famille; il vit dans la tente, où il est l'objet des soins les plus attentifs. Il y a des chefs qui ne se séparent jamais de leur Faucon, et le portent partout avec eux. C'est une marque de distinction, de gentil-hommerie que d'avoir sur son burnous les traces des excréments de cet oiseau.

Dans le Sahara, petit ou grand, riche ou pauvre, tout le monde aime donc et caresse l'oiseau de race. « Et comment en serait-il autrement? disait au général Daumas un noble de la tente; nous estimons le faste, l'éclat, la magnificence, et il faudrait n'être pas Arabe pour ne pas se réjouir, s'exalter à la vue de nos guerriers revenant d'une chasse au Faucon. Le chef marche en avant; il porte deux Faucons, l'un sur l'épaule et l'autre sur le poing, revêtu du *guetass* (gant à la Crispin). Le capuchon de ces oiseaux, *keumbide*, est enrichi de soie, de *filali* (maroquin) d'or et de petites plumes d'autruche, tandis que leurs entraves (*semaïd*) sont brodées et ornées de grelots d'argent (*ledjerass*). Les Chevaux hennissent, les Chameaux porteurs sont chargés de gibier, et leurs conducteurs murmurent sur un ton mélancolique l'un de ces chants d'amour ou de poudre qui savent si bien trouver le chemin de nos cœurs. Oui, je le jure par la tête du prophète, après un *youm* qui se met en campagne, rien n'est splendide comme le départ ou le retour d'une chasse au Faucon. Aussi on a beau être haletant, harassé, mort de fatigue, mieux encore que par le sommeil, on est bientôt reposé, guéri, par l'espoir et le désir de recommencer le lendemain. »

A la suite de la publicité nouvelle que nous donnons à cet intéressant article, communiqué par le général, en 1855, à la Société zoologique d'acclimatation, nous espérons que de nouvelles tentatives pourront être faites par nos compatriotes algériens, et qu'ils rapporteront en France quelques Faucons dressés.

Quant à nos lecteurs, ils nous sauront gré d'une communication qui, sous la forme d'une réminiscence du moyen âge, leur montre cette chasse dans toute son actualité.

En Égypte et en Perse, on se sert encore des Faucons comme auxiliaires pour la chasse aux gazelles. Voici ce qu'en rapporte

Fig. 4. — Chasse des Persans à la Gazelle, d'après M. Yves.

un voyageur, acteur et témoin d'une de ces chasses. « Je me

levai, dit-il; quand le désert était déjà radieux; le soleil avait
bu la rosée de la nuit; on fit les préparatifs; chacun regarda
si son fusil était en bon état; les Chevaux étaient sellés. On
monta vivement à cheval quand on entendit des cris dans toutes les directions : c'étaient les domestiques qui revenaient; un
grand troupeau de gazelles, traqué de toutes parts, arriva près
des tentes; ce fut le signal du massacre. Les Faucons furent lâ-
chés; ils s'élevèrent dans l'air, planèrent un instant comme pour
choisir chacun leur victime, et tombèrent perpendiculairement,
ainsi que ferait une pierre, sur la tête des Gazelles. C'était pitié
de les voir se débattre et faire des bonds prodigieux; le Faucon
se tenait cramponné entre les deux cornes, et chaque effort du
pauvre animal ne faisait qu'enfoncer les serres cruelles plus
avant dans sa tête; ses petits cris plaintifs, lorsque le Faucon lui
mangeait les yeux, me brisaient l'âme. Les lévriers furent lan-
cés à la poursuite des fuyards, et les chasseurs les achevaient à
coups de lance ou de fusil. Le colonel Hussein-Bey, l'ordonna-
teur de la chasse, et qui était très-adroit tireur, en tua deux, au
grand galop de son Cheval. Pour moi, je pouvais à bon droit me
laver les mains de tout ce sang innocent. Avec sa courtoisie ordinaire, Hussein m'offrit deux Gazelles, et j'eus la barbarie de
trouver leur chair délicate.

En retournant au Caire avec un Chameau chargé des dé-
pouilles opimes, je m'enquis auprès d'Hussein-Bey des moyens
employés pour apprivoiser le Faucon. « Il faut les prendre jeunes, me dit-il, leur donner peu à manger, et introduire des
Moutons dans le lieu où ils sont renfermés; les Faucons affamés
se jettent sur eux et leur mangent les yeux. Quand on les a exercés quelque temps de cette manière, on peut s'en servir à la
chasse de la Gazelle. »

La chasse au Faucon est aussi un plaisir très-recherché dans
le haut Hindoustan, surtout pour les indigènes. On sait que

les Hindous ont une aversion profonde pour le sang. Aussi pren-
nent-ils un soin extrême de l'éducation des Faucons, qu'ils dres-
sent à saisir et à retenir leur proie sans la tuer. Une des plus

Fig. 5. — Faucon sur une Gazelle, d'après une ancienne gravure.

curieuses de ces chasses est celle des Oies sauvages, dont le vol
élevé et rapide défie souvent l'aile aventureuse du Faucon. Les

oiseaux plus petits, tels que les Perdrix, ne sauraient lui échapper; on se plaît à les voir raser la terre d'une aile timide, cherchant un asile dans l'épaisseur des bruyères, tandis que leur ennemi plane perpendiculairement sur leurs têtes, suit de l'œil tous leurs mouvements, et s'abat comme la foudre sur la proie, qu'il rapporte à son maître dans ses serres victorieuses. Dans certaines parties, on élève de gros Faucons pour la chasse de l'Antilope ou du Daim. On voit l'impétueux oiseau tourbillonner autour de la tête de son ennemi, battre de l'aile ses yeux aveuglés, le déchirer du bec et des ongles, et ne le quitter que privé de vie.

Les mêmes habitudes existent aujourd'hui, parmi les ladies, dans les gorges de l'Himalaya. Souvent, dans les journées fraîches, on voit de jolies femmes de Sineia monter sur des Éléphants et s'élancer dans les jungles, comme des châtelaines du moyen âge, avec des Faucons dressés que des cipayes de leur escorte portent sur le poing; ces oiseaux de carnage sont toujours destinés à la pauvre et gracieuse Antilope bleue (*Nyl-Ghaut*), décrite par Hodgson, et à la Chitkara aux quatre cornes. Le Faucon, armé d'éperons de fer, se précipite sur ces Gazelles timides de l'Inde, et leur crève sans pitié ces beaux yeux qui rivalisent, dans le divan des poëtes orientaux, avec les douces prunelles des femmes de Kaschmyr et de Lahore. C'est un tableau cruel, mais singulièrement romantique, et miss Emma Robert, dans ses *Lettres sur l'Hindostan*, a pris soin de nous le peindre en termes qui excusent la passion de ses compatriotes pour cette chasse féodale.

Nous empruntons à Schlegel la description d'une chasse du Héron en Hollande :

« Les fauconniers et leurs aides, montés à cheval et accompagnés des porte-cages, se rendent d'avance sur les lieux pour attacher les Faucons à l'aide de la longe à des fourchettes de bois

4.

fichées dans le sol, et pour faire, en général, tous les préparatifs nécessaires à la chasse.

« Dès que la société des chasseurs est arrivée, un aide-fauconnier ou piqueur s'avance et se place en vedette, sous le vent, à la distance d'un bon quart de lieue, sur un point élevé où il est en vue et d'où il peut découvrir de loin tous les Hérons qui arrivent dans cette direction. Deux fauconniers à Cheval, l'oiseau sur le poing, se postent en même temps, le plus souvent dans la direction de la héronnière, à quelques centaines de pas de la société des chasseurs. Aussitôt que le piqueur sous le vent aperçoit un Héron qu'il juge susceptible d'être volé, il en avertit la société en mettant pied à terre et en tournant la tête de son Cheval dans la direction que prend le Héron. A ce signal, le cri général de « *à la vol! à la vol!* » se fait entendre; tous les yeux se dirigent vers la région du ciel que doit franchir le Héron pour s'approcher; on monte à cheval; on accourt de tous côtés, et l'on tâche de gagner le lieu le plus favorable pour jouir du spectacle de la chasse, évitant toutefois d'effaroucher le Héron par un trop grand bruit. Les fauconniers, observant le moment propice, cherchent à s'approcher du Héron sans le détourner de la direction qu'il suit. Après y avoir réussi, ils laissent passer le Héron, et, lorsqu'il a parcouru une centaine de mètres, ils déchaperonnent et jettent les Faucons. Les Faucons volent au commencement en rasant la terre, se dirigent à droite et à gauche, s'éloignent l'un de l'autre et ne semblent guère s'approcher du Héron. Celui-ci cependant s'aperçoit de suite que c'est à lui qu'on en veut, et dès ce moment il allonge le cou, et, pour se rendre plus léger, il rejette les poissons dont il s'est repu, et cherche à gagner la héronnière ou quelque bois voisin.

« De leur côté, les Faucons ne tardent pas à monter à l'essor en tournoyant, afin de s'approcher du Héron, qui, dans l'impossibilité de gagner les devants, et sachant que les Faucons ne

peuvent fondre sur lui que de haut en bas, n'a d'autres moyens
d'échapper aux poursuites de ses ennemis qu'en s'élevant dans
les airs. Dans l'impossibilité d'exécuter en même temps ce mouvement et de voler contre le vent, le Héron se voit obligé de re-
brousser chemin et de voler à la rencontre des Faucons, de sorte
que l'avance qu'on lui avait laissé prendre en ne jetant les oiseaux de chasse que lorsqu'il avait déjà fait du chemin tourne
à l'avantage des Faucons : aussi voit-on dès ce moment les trois
oiseaux, qui volaient d'abord dans différentes directions, se rap-
procher avec une vitesse presque incroyable. C'est alors que l'attention des spectateurs est fixée par l'intérêt, et que chacun
s'empresse, les yeux dirigés vers les oiseaux, de suivre la chasse
d'aussi près que possible. Le Héron, poussant parfois des cris
plaintifs, ne cesse de faire tous ses efforts pour s'élever autant
que possible et pour s'éloigner à la faveur du vent, afin d'échapper à la poursuite active des Faucons.

« Dès qu'un des Faucons a atteint le Héron, il fait aussitôt une
première attaque, à laquelle le Héron cherche à se soustraire par
un écart latéral très-prompt. S'il réussit à éviter les serres du
Faucon, il est souvent entraîné par la violence du coup, au point
de descendre de vingt mètres et même davantage au-dessous du
Faucon; mais en même temps l'autre Faucon, dont le vol n'a
pas éprouvé de retard par cette première attaque, est ordinairement parvenu à hauteur du Héron, sur lequel il ne tarde pas
à se précipiter également. S'il manque sa victime, c'est alors au
premier Faucon de revenir à la charge, et ces attaques alternatives, plus ou moins régulières, se répètent jusqu'à ce que l'un
des Faucons parvienne à lier le Héron en le saisissant généralement au cou ou quelquefois aussi à l'une des ailes. A ce moment,
l'autre Faucon rejoint son camarade, et l'on voit descendre plus ou
moins lentement les trois oiseaux, qui ne paraissent plus former
qu'un seul corps. Avant de toucher terre, l'un des Faucons lâ-

Fig. 6. — Chasse du Héron.

che ordinairement sa proie, et l'autre Faucon imite son exemple
s'il court danger de se heurter contre le sol, en se jetant toutefois derechef sur le Héron au moment où celui-ci est tombé à
terre ou dans le cas où il chercherait à s'échapper.

« Les fauconniers tâchent de suivre le vol à bride abattue et
d'arriver au moment où les oiseaux ont jeté à terre leur victime.
Ils descendent vivement de Cheval, et l'un d'eux leurre avec
un Pigeon le Faucon qui a lâché la proie, tandis que l'autre
présente un Pigeon à l'autre Faucon, qui le déchire sur le Héron même.

« Les Faucons repus sont chaperonnés et rapportés au rendez-vous des chasseurs. Si le Héron n'a pas été tué ou s'il n'a
pas reçu de blessure mortelle, on lui rend ordinairement la liberté, après lui avoir attaché au pied une plaque commémora-
tive, ou bien on le garde pour l'affaitage, et, dans ce cas, on le
chaperonne ou on le sille, et l'on garnit son bec d'étuis. Deux
autres fauconniers, avec des Faucons frais, recommencent, et
l'on peut prendre ainsi plusieurs Hérons dans la journée.

« Quelquefois le Héron n'a pas mangé, et, plus léger, il dis-
paraît dans les nues et échappe à la poursuite.

« S'il est gorgé de poisson, un seul Faucon suffit souvent pour
le prendre. Le chasseur qui arrive le premier à la chute enlève une partie de l'aigrette noire du Héron et la conserve. »

« On croit généralement que le Héron présente son bec à l'ennemi pour le transpercer lorsqu'il fond sur lui; c'est là une de
ces erreurs démenties par les faits. Si le Héron était tenté de se
défendre dans cette crise, son arme redoutable serait complète-
ment neutralisée par ses mouvements maladroits et lourds autant que par l'attaque rapide de son vif et vigoureux adversaire.
A terre, il n'en est plus de même; dès que le Héron sent ses
pieds affermis, il s'enhardit et cherche à se débarrasser de ses
persécuteurs par les coups répétés et souvent bien dirigés de son

bec, dont il se sert comme d'un poignard. Si le fauconnier ne
se hâte pas d'accourir, les Faucons courent grand risque de la
vie : une blessure mortelle, ou tout au moins la perte de la vue,
sera le fruit de leur glorieuse victoire. Le Héron vise toujours
aux yeux. Un de mes amis a perdu un des siens pour avoir saisi
sans précaution un oiseau de cette espèce après l'avoir blessé;
pareille aventure m'est presque arrivée à moi-même, et j'ai,
pendant deux ans, chassé en Irlande avec un vieux Chien bor-
gne, dont l'infirmité datait d'une bataille que, dans son impru-
dente jeunesse, il n'avait pas craint d'engager avec un Héron
écloppé.

« Les ornithologistes ne sont point d'accord sur la manière
dont le Faucon porte le coup fatal. Les uns prétendent qu'il
étreint de ses serres; d'autres croient que le choc de son ster-
num, protégé par de solides muscles pectoraux, suffit pour tuer
son adversaire sans l'offenser lui-même. Pour moi, je partage
entièrement l'avis de mon ami le colonel Bonham, du 10e hus-
sards, l'un de ceux qui, de nos jours déchus, ont tenté de faire
revivre le noble exercice de la fauconnerie, et je crois que le
Faucon se sert de son éperon. Si l'on examine une Gelinotte, un
Canard, une Bécasse tués par un Pèlerin, on leur trouvera les
reins et les épaules profondément labourés, le dos et le cou dé-
chirés, ou même le crâne entaillé par cette arme formidable. »

DESCRIPTION DES FAUCONS

EMPLOYÉS AUX DIVERS VOLS

Le plumage des Faucons, depuis la naissance jusqu'à la vieillesse, subit tant de variations, dit M. Degland, observateur scrupuleux et précis, qu'il n'est pas facile de faire disparaître tous les doubles emplois qui existent dans les auteurs.

En général, ce plumage est marqué en dessous, chez les adultes, dans la plupart des espèces, de taches cordiformes ou de barres transversales, et, chez les jeunes sujets, de taches longitudinales, brunes et roussâtres. Ce n'est qu'à l'âge de deux ou trois ans que leur livrée est parfaite, encore est-elle susceptible de varier accidentellement. La mue est simple. Tous ont la tête aplatie, les sourcils saillants, l'œil moyen et les paupières nues.

Les faucons supportent de très-longues diètes et vivent, dit-on, fort longtemps. On assure qu'en 1797, on tua, au cap de Bonne-Espérance, un faucon d'Islande qui s'était échappé de la fauconnerie royale d'Angleterre, et qui portait une vervelle en or, avec cette devise : AU ROI JACQUES, 1610. Il était encore plein de force et de vigueur. Sonnini parle aussi d'un autre faucon dont l'âge constaté était de cent quatre-vingt-deux ans, et qui avait conservé beaucoup de vigueur et de vivacité.

Fig. 7. — Faucon blanc au poing.

FAUCON BLANC.

Gerfaut blanc, Buffon. *Falco candicans*, Gmelin. *Falco Groenlandicus*, Brehm.
White Jerfalcon. Weisser Falke. Sparviere bianco di Moscovia.

Diagnose : Tarses vêtus dans leurs deux tiers supérieurs;
leur partie nue et doigts livides ou bleuâtres; moustaches nulles
ou presque nulles; fond du plumage blanc pur, avec des taches

Fig. 8. — Faucon blanc adulte.

gris brun sous forme de cœur ou de bandes transversales imparfaites aux parties supérieures, et les deux pennes médianes de la
queue marquées de brun (l'adulte). Fond du plumage brun,

5

avec des taches ou mèches longitudinales en dessous, et le plus souvent des barres transversales sur les deux rectrices médianes (jeune).

Taille : 0ᵐ,55 à 0ᵐ,59.

Le Faucon blanc mâle adulte a le plumage d'un blanc éclatant, avec des stries longitudinales au centre des plumes du sommet de la tête, des joues et du cou; des taches de même couleur en forme de cœur ou de flèche au milieu ou à l'extrémité des plumes du dos, du croupion et des petites couvertures des ailes; des taches brisées en barres sur les pennes des grandes et des moyennes couvertures des ailes; un grand espace noir à l'extrémité des rémiges; de petites taches brun grisâtre en forme de pinceau sur la poitrine et l'abdomen; pennes latérales de la queue entièrement blanches, ombrées de grisâtre en dehors; les médianes barrées, de chaque côté, de brun, avec une ligne de cette couleur le long de la tige; bec jaunâtre, avec la pointe brune; cire, tour des yeux et pieds d'un jaune livide, tirant sur le bleuâtre. A un âge plus avancé, la tête, le cou, le dessous du corps et les pennes de la queue, à l'exception des deux médianes, sont d'un blanc pur; les taches des parties supérieures sont petites, en forme de cœur ou de bandes imparfaites; les rectrices médianes offrent des vestiges de barres brunâtres; le bec est d'un jaunâtre uniforme, et les pieds sont jaune pâle tirant sur le bleuâtre.

La femelle a des taches brunes plus étendues et plus nombreuses, et elle est un peu plus forte que le mâle.

Les jeunes de l'année ont les parties supérieures brunes; des taches ou mèches longitudinales en dessous; des barres transversales, le plus souvent continues, sur les deux rectrices médianes; bec, cire, tour des yeux et pieds bleuâtres. Degland.

Le Faucon blanc habite le Groënland, la Sibérie, l'Amérique boréale, et se montre en Islande pendant les hivers rigoureux, mais il ne s'y reproduit pas. On le voit accidentellement en

Suède, en Angleterre. On connaît peu ses habitudes. Cependant on a constaté qu'il suit les migrations de Ptarmigans (*Tetrao Lagopus*, Linné).

Le Faucon blanc est le plus recherché des oiseaux employés pour la fauconnerie; c'est le chasseur par excellence. Indépendamment de la beauté de son plumage et de sa force, proportionnée à sa taille, il est facilement éducable, courageux et fidèle; malheureusement il est très-rare : l'envoi de quelques Faucons blancs était un cadeau royal.

FAUCON D'ISLANDE.

Gerfaut d'Islande, Buffon. *Falco Islandicus*, Brehm. *Gyrfalco Islandicus*, Brisson. *Iceland Falcon. Collored Falcon. Islandischer Falke.*

Diagnose : Tarses vêtus dans leurs deux tiers supérieurs; tiers inférieur et doigts jaunes; moustaches petites; fond du plumage brun en dessus, barré et taché de blanc; des taches cordiformes sur fond blanc en dessous et des bandes alternes claires et foncées sur la queue (l'adulte). Brun unicolore en dessus ou avec des bordures blanc roussâtre et des taches brunes longitudinales en dessous (jeune).

Taille : du mâle, 0^m,55; de la femelle, 0^m,58.

Le Faucon d'Islande mâle adulte a le dessus et les côtés de la tête et du cou d'un blanc pur, mais chaque plume est rayée longitudinalement de gris sombre au centre; le dessus du corps est d'un brun ardoisé, avec des taches et de nombreuses barres transversales blanches, plus ou moins complètes et ombrées de grisâtre, les plumes suscaudales d'un blanc bleuâtre; les côtés du croupion gris cendré; les parties inférieures d'un blanc plus ou moins pur, assez souvent roussâtre, marqué de lignes longitudinales et de stries sur le cou, de taches brunes en forme de cœur sur la poitrine, l'abdomen, et de barres transversales de

même couleur sur les flancs, les suscaudales, les cuisses et les
jambes; bas des joues avec un petit trait brun allongé sous forme
de moustache; pennes alaires brunes; les primaires variées de
taches irrégulières blanches; queue de la couleur du dos, et
marquée sur chaque penne de barres transversales et alternes
d'un blanc ombré de grisâtre; bec brun de plomb, plus foncé à
la pointe, souvent avec deux dents à la mandibule supérieure;
iris brun foncé; cire, tour des yeux et pieds d'un beau jaune.

Fig. 9. — Faucon d'Islande.

La femelle est un peu plus forte que le mâle; plus foncée en
dessus, avec plus de taches en dessous. Les moustaches, non apparentes, sont confondues avec les stries brunes des joues.

Les jeunes, avant la première mue, ont un plumage brun unicolore en dessous. Après la mue, qui a lieu en automne, le plumage est également brun, mais avec des bordures d'un blanc
roussâtre; les parties inférieures sont d'un blanc plus ou moins
roussâtre et marquées de taches longitudinales brunes, plus larges sur les flancs et le ventre; les pennes médianes de la queue
ont des bandes transversales cendrées alternes, moins étendues
que dans les adultes et en nombre variable; la cire et le tour des
yeux sont bleuâtres; les pieds bleu foncé.

Ce Faucon habite l'Islande; on assure qu'il ne descend pas
plus bas que le 60° de latitude nord (Degland). Il suit aussi les
migrations de Ptarmigans. Autrefois on le considérait comme
une simple variété du faucon blanc, et il était aussi estimé que
ce dernier pour la volerie.

FAUCON GERFAUT.

Gerfaut de Norvége, Buffon. *Falco Gyrfalco*, Schlegel. *Groenland Falcon.*
Gierfalke.

Diagnose : Tarses vêtus dans leur moitié supérieure; l'autre
moitié et doigts jaune verdâtre; moustaches très-petites; fond du
plumage brun bleuâtre en dessus, blanc en dessous, tacheté au
ventre et rayé sur les flancs et les sous-caudales (l'adulte). Semblable aux jeunes des Faucons blancs et d'Islande, mais un peu
plus petit (jeune).

Taille : 0^m,50 à 0^m,55.

Le Faucon Gerfaut mâle adulte est brun en dessus, nuancé de
cendré au croupion et aux suscaudales, avec les plumes bordées
étroitement de blanc roussâtre à la tête, et de blanchâtre au cou,
au dos et sur les ailes; blanc en dessous, avec un peu de roussâtre et des raies longitudinales brunes sur le bas du cou; des taches noirâtres à la poitrine et à l'abdomen, formant, par leur

5.

réunion, des raies transversales sur les flancs seulement; sous-caudales traversées de bandes brunes; moustaches peu étendues; bec cendré bleuâtre, avec la pointe noire; pieds d'un jaune verdâtre.

Fig. 10. — Faucon Gerfaut d'après, Schlegel.

D'après Schlegel, le dessus et les côtés de la tête et du cou sont d'un gris noir bleuâtre, plus foncé vers le centre de chaque plume. De chaque côté de la nuque, une ligne transversale blanche, formant un collier incomplet. Les parties supérieures du corps et des ailes sont de couleur de schiste foncé, les plumes présentant une ligne longitudinale noire avec bordures et taches transversales d'un gris bleuâtre. Quatorze ou quinze bandes blanches et brunes à la queue, avec de petites taches confluentes. Les parties inférieures du corps sont blanches avec des taches brunâtres, longitudinales, étroites sous le menton, la gorge et le jabot, s'élargissant en larmes sur la poitrine, plus foncées sur les flancs, où elles se présentent en forme de cœur.

La femelle ne diffère du mâle que par une taille plus forte et des teintes plus sombres.

Les jeunes, avant la première mue, ressemblent, par les teintes, à ceux du Faucon d'Islande. En avançant en âge, ils offrent de la ressemblance avec le Faucon Pèlerin adulte; mais les pieds sont verdâtres au lieu d'être jaunes. Les jeunes mâles se distinguent toujours du Faucon d'Islande par la taille moins forte; les jeunes femelles ressemblent, sous tous les rapports, aux jeunes mâles de ce même Faucon. En livrée parfaite, il n'est plus possible de confondre ces espèces entre elles.

Le Gerfaut habite les hautes montagnes de la Norvége et de la Suède. Les jeunes seulement se montrent accidentellement en Allemagne, en Hollande et en France. Degland.

Comme les précédents, il suit, pour chasser, les migrations de Ptarmigans. Le Gerfaut n'est pas toujours docile; il est parfois quinteux, méchant, querelleur; il lui arrive quelquefois, pendant le vol, de chercher querelle au Faucon qui l'accompagne, au lieu d'attaquer franchement le gibier.

De tous les oiseaux de proie, dit Sonnini, le Gerfaut est, après l'Aigle, le plus fort, le plus vigoureux et le plus hardi; il ne craint pas même de se mesurer avec le tyran des airs, et, dans un engagement en apparence inégal, il prouve, par ses victoires, ce que peut la valeur contre les avantages de la taille et des armes. (Sonnini comprend, sous le nom de Gerfaut, les Faucons d'Islande, de Norvége, Gerfaut et Sacre.) A des qualités nécessaires à un être que la nature a destiné aux combats et au carnage, cet oiseau joint la promptitude dans les mouvements, la célérité dans l'exécution et l'activité qui enchaîne le succès. Aussi l'art de la fauconnerie s'est-il emparé de cette espèce puissante. Le Gerfaut tient le premier rang parmi les oiseaux de haute volerie;

il est bon à toutes les sortes de chasse, il n'en refuse aucune. Il a bientôt fatigué et pris les grands oiseaux d'eau, tels que le Héron, la Grue, la Cigogne. Il est aussi très-propre au vol du Milan, et si on l'emploie à des expéditions moins brillantes, mais plus productives pour la table, il réussit mieux qu'aucun autre, et avec tant d'avantages, qu'après l'avoir vu chasser, on apprécie moins les autres oiseaux de vol. Si une Perdrix, que les Chiens font lever, cherche à remonter un coteau, elle n'a pas fait la moitié du chemin, qu'elle est déjà dans les serres du Gerfaut.

Mais ce bel oiseau est aussi fier que courageux; son éducation demande des ménagements; il veut être traité avec douceur, avec patience; il exige des soins particuliers, et si on les lui épargne, il se rebute, s'impatiente et devient indomptable.

FAUCON SACRE.

Falco sacer, Schlegel. *Brown Gerfalcon. Sakerfalke. Sparviere sacro moro.*

Diagnose : Moustaches très-étroites, presque nulles; queue longue; pieds bleuâtres; doigt médian plus court que le tarse; des taches blanches, ovoïdes et rondes à la queue.

Taille : 0m,50 le mâle; 0m,53 la femelle.

Le Faucon Sacre mâle adulte, qu'on confond souvent avec le Faucon Lanier, a le sommet de la tête roux clair, avec des taches longitudinales et oblongues brunes; dessus du cou et du corps d'un brun cendré, avec toutes les plumes frangées de roux clair; dessous du corps blanc, avec des taches lancéolées d'un brun clair, plus larges et plus longues sur les cuisses; gorge et sous-caudales d'un blanc pur; sourcils blancs, rayés de brun; moustaches étroites et peu marquées à la base du bec; rectrices portant des taches d'un blanc roussâtre, rondes sur les médianes et ovoïdes sur les autres; bec et pieds bleuâtres; tour des yeux et cire jaunes; iris brun.

La femelle, plus forte que le mâle, a le brun de la tête plus foncé; les franges rousses du manteau et des ailes plus étroites; des taches plus larges sous les parties inférieures, et des stries brunes à la gorge et sur les sous-caudales.

Les jeunes de l'année ressemblent à ceux du Faucon Pèlerin, mais leur taille est plus grande et leur queue proportionnelle-ment plus longue.

Le Sacre vit dans les régions tempérées et méridionales de l'Europe orientale. On le trouve en Hongrie et en Tartarie.

Fig. 11. — Faucon Sacre.

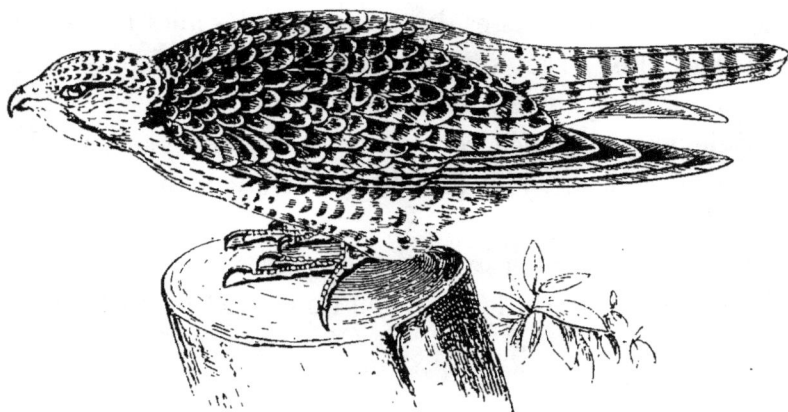

Fig. 12. — Faucon Lanier d'après Schlegel.

FAUCON LANIER.

Lanier des fauconniers, Buffon. *Falco Lanarius*, Schlegel. *Harry Falcone*.
Lannerfalke.

Diagnose : Moustaches étroites; queue longue; doigts courts;
le médian moins long que le tarse ; la nuque d'un brun rouge.
Taille : 0^m,57 à 0^m,59.

On donne souvent le nom de Lanier à plusieurs oiseaux de
proie qui n'ont aucun rapport avec le vrai Lanier.

Le Lanier mâle a les parties supérieures et les ailes colorées
comme celles du Faucon Pèlerin adulte, avec l'occiput et la
nuque roux rougeâtre; parties inférieures tachées longitudinalement de noirâtre sur fond blanc; rémiges noires, queue en
dessous, semblable aux ailes; bec et pieds bleus; iris brun.

La femelle, un peu plus forte que le mâle, n'en diffère par
aucun caractère notable.

Le Lanier habite la Dalmatie et la Grèce, accidentellement l'Europe centrale; il est très-rare.

Le Lanier diffère du Faucon Pèlerin par la queue plus longue, les doigts plus courts, par les moustaches qui sont étroites, et par l'absence de bandes transversales noirâtres sur le ventre et les culottes.

Une variété du Faucon Lanier vient de Grèce, d'Égypte et du nord de l'Afrique; c'est probablement le Lanier alphanet, tunisien, thunisian ou punicien des anciens auteurs.

Fig. 17. — Faucon Alphanet.

Fig. 14. — Faucon Pèlerin.

FAUCON PÈLERIN.

Falco peregrinus, Brisson. *Faucon commun, Faucon passager. The blue black Falcon. Yearling Falcon. Barbary Falcon. Schlechtfalke. Wander Falke. Sparviere p llegrino.*

Diagnose : Moustaches larges et longues; pieds robustes, jaunes, vêtus seulement dans le tiers supérieur; doigt médian sensiblement plus long que le tarse; queue ne dépassant pas le bout des ailes; première rémige plus longue que la troisième.

Taille : $0^m,38$ le mâle, $0^m,46$ la femelle.

Le mâle adulte a les parties supérieures d'un cendré bleuâtre plus foncé à la tête, à la nuque, avec les tiges des plumes et des bandes transversales noires sur le dos, les scapulaires et les sus-

caudales; gorge, devant et côtés du cou blancs; poitrine blanc
roussâtre tirant sur le rose, marquée de petites stries longitudinales noires; abdomen, culottes et sous-caudales rayées en tra-
vers de brun noir sur un fond cendré; les raies plus larges et
plus foncées aux flancs et au milieu du ventre; joues noires;
larges moustaches de cette couleur se prolongeant sur les côtés
du cou; couvertures alaires semblables au manteau; rémiges
d'un brun nuancé de cendré noirâtre, terminées par un léger
liséré cendré clair; queue cendré bleuâtre, marquée de bandes
transversales noires, terminée de cendré blanchâtre; bec noir
bleuâtre; iris brun; paupières, cire et pieds jaunes.

La femelle, beaucoup plus forte que le mâle, est plus brune
en dessus, avec les taches et la couleur roussâtre de la poitrine
plus étendues.

Les jeunes de l'année ont les plumes des parties supérieures
brunes, bordées de roussâtre; celles des parties inférieures plus
ou moins rousses, tachetées longitudinalement de brunâtre;
queue barrée et terminée de roussâtre; iris brun plus foncé que
dans les adultes. A l'automne de l'année suivante, la livrée
change. On trouve pendant la mue des individus avec des plumes de jeune âge et des plumes nouvelles de l'état adulte. Après
la mue, les plumes sont brunes en dessus et bordées d'une teinte
plus claire grisâtre; d'un blanc plus ou moins nuancé de roussâtre en dessous, avec des taches brunes en larmes sur la poitrine, arrondies ou semi-lunaires sur l'abdomen, en barres sur
les flancs, et en fer de lance sur le bas-ventre et les jambes.

Le plumage du Faucon Pèlerin varie non-seulement suivant
l'âge et le sexe, mais encore suivant les saisons et les climats;
aussi en trouve-t-on peu qui soient entièrement semblables. Les
nuances des couleurs sont, chez les uns, plus foncées sur les parties supérieures; chez d'autres, elles sont plus claires sur les
parties inférieures; tantôt les taches ont la forme de larmes,

d'autres fois elles sont en fer de lance. Ce n'est guère qu'à la troisième année que la livrée devient stable ou moins variable.

Buffon indique le mâle adulte de l'espèce sous le nom de Faucon; le jeune mâle, sous celui de Faucon noir ou passager; la femelle adulte est pour lui un Lanier; enfin, sous le nom de Faucon sors, il désigne le jeune avant la première mue.

On rencontre le Faucon Pèlerin dans les contrées montagneuses de l'Europe. Il n'est pas rare en France; de passage annuel aux environs de Lille, en automne, quelquefois en hiver, mais toujours isolément. Il se reproduit en France, notamment en Provence, dans les Hautes-Pyrénées, et dans les falaises élevées des environs de Dieppe.

Fig. 15. — Faucon de Barbarie.

Le Faucon Pèlerin est l'espèce qu'on emploie le plus communément en fauconnerie. Il est assez docile et peut être dressé pour le lièvre. Cet oiseau a reçu des fauconniers plusieurs noms, suivant sa provenance. Ainsi celui des côtes d'Afrique est appelé Faucon de Barbarie; celui de passage en Afrique, Faucon de Tartarie ou Tartaret; celui pris dans les Alpes et les Pyrénées, Faucon de montagne; enfin sa noblesse, proclamée par les fauconniers, lui a valu le nom de Faucon gentil (*gentilis*). « Cestuy Faucon est dit Pèlerin, pour ce qu'il est oiseau de passage et va de région en autre comme qui fait un pèlerinage, et encore dit-on de luy que jamais ne se rencontra homme, fust chrétien ou infidèle, qui ait pu dire avoir vu ou trouvé ou sçu où le Faucon fait ses petits ny son aire. Ains se prend tous les ans environ, le mois de septembre, en la saison qu'il fait son passage. Le Tartaret est aussi de passage, et il a bien rapport avec le Pèlerin. Cestuy Faucon se dit Tartaret, pourceque communément il fait son passage par le pays de Barbarie, où il s'en prend plus grand nombre qu'en aucune autre contrée. » Defranchières.

FAUCON ÉMERILLON.

Rochier et Émerillon, Buffon. *Falco æsalon*, Brisson. *Falco lithofalco*, Vieillot. *Merlin. Jack. Stone Falcon. Smellekens. Merlinfalke. Sparviere smeriglio.*

Diagnose : Moustaches faibles, nulles à la base du bec; doigts allongés, le médian égalant le tarse; ongles allongés, ailes aboutissant aux deux tiers de la queue; première rémige plus longue que la quatrième et plus courte que la seconde et la troisième, qui sont égales ou presque égales.

Taille : le mâle, 0^m,26; la femelle, 0^m,31.

Le mâle adulte est cendré bleu en dessus, avec la tête et le haut du dos nuancés de brunâtre; la tige des plumes noire et des taches rousses derrière le cou; gorge blanche; devant du cou blanc nuancé de roussâtre, avec des stries brunes; poitrine, abdomen, sous-caudales et jambes roux, avec des taches oblongues

brunes; joues et côtés du cou variés de roux brun sur un fond
blanc; couvertures alaires semblables au manteau; rémiges brunes, la première bordée de blanc en dehors et toutes terminées
de blanchâtre; queue variée de cendré bleuâtre et de brun en

Fig. 16. — Émerillon. — *Falco Æsalon.*

dessus, avec une large bande transversale vers le bout, suivie
d'une autre bande blanche très-étroite; cendrée et pointillée de
brunâtre en dessous, avec des barres noirâtres; bec bleuâtre; iris
brun; cire, paupières et pieds jaunes. A un âge plus avancé, le
bleu des parties supérieures et le roux des parties inférieures
sont plus purs et plus prononcés.

La femelle adulte, beaucoup plus forte que le mâle, a les parties supérieures d'un brun gris, avec la tige des plumes noire et
les barbes bordées de roux; queue barrée de brun et de gris sur

les pennes médianes, de roux et de brun sur les latérales; gorge et cou blancs, légèrement striés de brun; poitrine et les autres parties inférieures tachetées comme chez le mâle, mais sur un fond blanc tirant sur le roussâtre.

Fig. 17. — Faucon Émerillon, d'après Schlegel.

Les jeunes, avant la première mue, sont d'un brun plus foncé, avec des taches plus larges en dessus; moins de blanc en dessous, et les pennes médianes de la queue de même couleur que les latérales. A cet âge, la taille seule fait distinguer les mâles des femelles.

L'Émerillon habite pendant l'été les parties les plus septentrionales de l'Europe, et se répand en automne et en hiver au s les régions méridionales. Il n'est pas rare en France. On le prend souvent au filet aux environs de Lille, et presque toujours les sujets capturés sont des jeunes ou des femelles. Les vieux mâles paraissent plus rares ou voyagent isolément.

L'Émerillon, quoique de petite taille, est courageux, jusqu'à la témérité. Extraordinairement doux, docile et éducable. On l'affaite très-promptement, très-facilement, et l'on n'a pas besoin de lui mettre de chaperon, si ce n'est pour le transporter de la maison au lieu de chasse et pour le retour. Il vole la Caille, l'Alouette, la Bécassine et tous les oiseaux de petite taille.

« L'Émerillon veut être leurré et assuré comme les autres oiseaux; il faut lui faire curée du gibier auquel on veut le mettre. Il vole pour le Pigeon, pour le Perdreau, la Caille, l'Alouette, le Merle. On le tient l'hiver dans un lieu chaud, et on lui met une peau de Lièvre sur le bloc, crainte que le froid ne lui endommage les mains. »

« L'Émerillon, dit Toussenel, a de la noblesse. Il loge un grand cœur dans un petit corps; il est vif, intelligent, docile et courageux. Les vieux fauconniers ne tarissent pas en considérations élogieuses sur le nombre de ses mérites et les charmes de son caractère. Il se dresse en huit jours, vole tout ce qu'on veut, chasse avec qui l'on veut, et ne se trouve jamais déplacé nulle part. Il a longtemps volé la Caille, de compte à demi avec l'Épervier, et il n'a pas cru déroger en s'associant avec la Pie-Grièche pour voler le Moineau-Franc et le Roitelet dans les jardins du Louvre sous le règne de Louis *le Juste*, ainsi nommé, parce qu'il était né sous le signe de la Balance. »

On a vu plus d'une fois l'Émerillon abandonné à lui-même, l'Émerillon qui n'est pas gros en tout comme une caille, attaquer la Perdrix et la prendre, et livrer à la Pie, au Geai et au Choucas des assauts formidables. Il vole naturellement aussi la Pie-Grièche, la Huppe, l'Étourneau, le Merle, la Grive; mais son

vol de prédilection est, comme pour le Hobereau, celui de l'A-
louette. L'Émerillon a été créé et mis au monde pour assister
l'homme dans la chasse à l'Alouette, et c'est surtout en sa qualité de *voleur* d'Alouettes que les fauconniers de France l'employaient autrefois.

L'habitude était de donner trois Émerillons à la Pie-Grièche
et à la Grive; deux seulement à l'Alouette, au Cochevis, à la
Huppe. On adjoignait l'Émerillon à l'Épervier pour le vol de la
Caille, du Merle, du Râle d'eau, du Râle de genêts, etc.

FAUCON HOBEREAU.

Falco subbuteo, Linné. *Tagarot*, vulgairement dans le Midi. *Hobby Falcon.*
Baumfalke. Falco barletta e ciamato. Boomwalk et Molliet.

Diagnose : Moustaches étroites et pointues; pieds grêles;
doigts allongés; le médian plus long que le tarse; ailes dépassant le bout de la queue; première rémige de la longueur de la
troisième ou plus longue.

Taille : le mâle, 0^m,30; la femelle, 0^m,32.

Le Hobereau mâle, en été, a les parties supérieures d'un cendré bleuâtre, varié de roussâtre au front et au vertex, avec deux
taches rousses à la nuque, et la tige des plumes d'une nuance
noire; gorge, devant et côtés du cou blancs; poitrine, abdomen
d'un blanc lavé de roussâtre; marqué de taches noirâtres, larges
et longitudinales; bas-ventre, sous-caudales et jambes d'un roux
très-vif, quelquefois avec des taches sur les culottes; joues et
moustaches noires, ces dernières se prolongeant du bec aux parties latérales du cou; couvertures alaires semblables au manteau;
rémiges brunes, terminées par un léger liséré grisâtre; queue
de même couleur, avec des bandes transversales d'un cendré
roussâtre sur les barbes internes des dix pennes latérales en

dessus, cendrées en dessous; bec bleuâtre; iris couleur noisette; paupières, cire et pieds jaunes.

La femelle, plus forte que le mâle, est d'une teinte plus brune en dessus, avec le roux des parties inférieures moins vif.

Fig. 18. — Faucon Hobereau.

Les jeunes de l'année sont d'un noir fuligineux en dessus, avec plumes bordées de jaune roussâtre, surtout à la tête et aux ailes, et d'un roux plus obscur au ventre, aux sous-caudales et aux jambes; ces dernières portent des taches brunes; iris gris brun.

Le Hobereau habite toute l'Europe et l'Afrique. Il est commun en France et en Allemagne. Il se nourrit de petits oiseaux, principalement d'alouettes, et il mange aussi des insectes. Degland.

Quoique le Hobereau ait les doigts courts et moins liants que ceux des autres Faucons, on l'emploie cependant pour le vol des petits oiseaux. Il est doux, docile, bien éducable et même très-familier. Je trouve néanmoins dans mes notes un renseignement peu favorable sur ce petit Faucon ; je le transcris sans pouvoir indiquer son origine. « De tous les oiseaux de proie, il n'y en a point qui soit plus libertin ni plus volontaire que le Hobereau ; c'est ce qui rend son affaitage plus difficile que celuy des autres Faucons, quoiqu'en l'affaitant on suive les mêmes principes. »

On considérait aussi le Hobereau comme un oiseau de haut vol, et on l'avait surnommé *le Hardi*. On s'en servait surtout pour faire la chasse aux Alonettes. Les pauvres créatures sont tellement effarées à la vue de cet ennemi, qu'elles préfèrent être prises par la main de l'homme plutôt que de courir les chances d'une fuite.

Le Hobereau, d'après Toussenel, est de sa nature encore plus ami de l'homme que tous ses congénères. Il fait semblant de ne pas croire à la rupture de l'alliance qui fut entre son seigneur et lui. Il vous accompagne à la chasse en plaine malgré vous, observe avec un intérêt palpitant les évolutions de votre braque en quête d'un Râle de genêts ou d'une Caille, prend quelquefois la pièce au départ avant que vous ne l'ayez tirée, mais attend plus volontiers néanmoins, pour jouer son coup, que vous l'ayez manquée. Une preuve remarquable que donne le Hobereau de sa perspicacité est de préférer la compagnie d'un chasseur novice, d'un collégien qui débute, à celle du chasseur expérimenté qui n'use pas de poudre aux moineaux. Il ne cache pas non plus sa prédilection pour les *choupilles qui bourrent* et qui s'écartent, et il témoigne de l'éloignement pour le poin

ter et le braque trop solides à l'arrêt. On prend fréquemment
cet oiseau au filet d'Alouettes, ainsi qu'à la pipée, où il accourt
à l'appeau de la Chouette. Il est arrivé plus d'une fois à Toussenel, comme à tout le monde, de se méprendre sur les motifs qui
décidaient le Hobereau à lui faire cortége et de le châtier de sa
témérité. Il y a bien des années qu'il avait remarqué la préférence de ce rapace pour les chasseurs dont le plomb arrête
peu et dont les Chiens n'arrêtent guère. Le Hobereau attend
l'ouverture de la chasse avec la même impatience que les chasseurs. Les Perdrix et les Cailles sont souvent victimes de son courage et de sa rapacité.

FAUCON CRESSERELLE.

Falco tinnunculus, Linné, vulgairement *Mouquet* et *Émouchet*. *Kestril Falcon*.
Turmfalke. *Falco accertello o di tore*. *Cernicalo*. *Zwemmer*.

Diagnose : Moustaches peu apparentes; pieds grêles; doigts
courts, le médian de la longueur du tarse, qui est emplumé
dans son tiers supérieur; ailes arrivant aux trois quarts de la
queue; première rémige égalant la quatrième, et plus courte
que la deuxième et la troisième, qui sont les plus longues; ongles noirs.

Taille : 0^m,35.

Le Faucon Cresserelle mâle adulte a le dessus de la tête et du
cou d'un cendré bleuâtre; le dessus du corps et des ailes d'un
brun rouge, varié de taches angulaires noires; dessous du corps
roussâtre, avec des raies longitudinales à la poitrine et des taches
arrondies ou ovalaires à l'abdomen et sur les flancs; devant des
yeux blanc jaunâtre; joues d'un cendré bleuâtre; rémiges brunes,
terminées et bordées en dehors de gris roussâtre; queue trèsétagée, cendré bleuâtre, avec une large bande noire et une autre

blanche, plus petite à l'extrémité; bec bleuâtre; paupières, cire et pieds jaunes; iris brun noisette.

La femelle adulte est un peu plus forte que le mâle. Parties supérieures d'un brun rouge, avec des taches longitudinales brunes sur la tête et le cou, angulaires sur le manteau, et des barres de même couleur à la queue, qui est rousse; les taches du corps sont très-nombreuses, et forment, par leur disposition, des espèces de bandes transversales; parties inférieures d'un roux plus foncé; bandes terminales de la queue moins pures.

Fig. 19. — Faucon Cresserelle.

Les jeunes, avant la première mue, ressemblent à la femelle; seulement ils ont les teintes des parties supérieures plus sombres. Nouvellement nés, ils sont couverts d'un duvet blanc.

La Cresserelle est très-répandue en Europe, et c'est l'oiseau de proie le plus commun en France. Elle niche sur les vieilles tours, dans les châteaux abandonnés, dans les crevasses des murailles, sur les clochers, dans les creux des rochers et sur les arbres. Elle se nourrit de petits oiseaux et de petits mammifères, et ce n'est que pressée par la faim qu'elle se jette sur les insectes et les reptiles. Degland.

On l'emploie peu en fauconnerie; cependant on s'en est servi pour le vol du petit gibier. Elle est, comme le Hobereau, douce, éducable et familière.

La Cresserelle est également facile à instruire : les fauconniers lui apprennent à poursuivre des Alouettes, des Merles, des Bécassines. Toutefois ce Faucon occupe une place plus bizarre qu'importante dans les fastes de la fauconnerie. A la cour du roi Louis XIII, on l'employait au vol de la Chauve-Souris.

Faire le Saint-Esprit, faire la Cresserelle, est tout un langage de chasse : c'est avoir l'air d'être suspendu par un fil invisible à un point fixe de l'espace, et déployer sa queue et agiter ses ailes, afin de garder quelque temps cette position gracieuse. L'oiseau de proie fait la Cresserelle lorsqu'il se tient au-dessus du Chien qui veut lever une Perdrix, lorsqu'il bloque ou lorsqu'il épie la sortie du Mulot Toussenel.

AUTOUR, Buffon.

Falco (Astur) palumbarius, Linné, vulgairement *Chasserot*, en Lorraine, où l'on donne aussi ce nom à l'*Épervier. Goshawk. Hauerhabitch. Sparviere da Colombi. Astore. Taubenhabicht. Havik.*

Diagnose : Tarses robustes, vêtus au tiers supérieur; doigt interne atteignant le bout de la seconde phalange du médian; queue arrondie.

Taille : du mâle, 0^m,52; de la femelle, 0^m,60.

L'Autour a les parties supérieures d'un cendré bleuâtre; au-
dessus des yeux un large sourcil blanc; les parties inférieures,
sur un fond blanc, portent des raies transversales et des bandes
étroites, longitudinales, d'un brun foncé; la queue est cendrée,
rayée de quatre ou cinq bandes d'un brun noirâtre; le bec noir
bleuâtre; la cire vert jaunâtre; iris et pieds jaunes.

Fig. 20. — Autour, d'après Gould.

Les parties supérieures de la femelle sont d'un cendré brun,
légèrement bleuâtre, et les petites bandes brunes de la gorge
sont plus nombreuses que chez le mâle.

7

Variétés. La tête plus ou moins blanche; les parties supérieures variées de brun ou de blanc jaunâtre; les bandes de la queue quelquefois peu ou pas apparentes.

Les jeunes de l'année diffèrent considérablement des adultes : la cire et les pieds d'un jaune livide; l'iris d'un gris blanchâtre; la tête, les côtés et le cou roussâtres, avec des taches longitudinales d'un brun foncé; la nuque variée de taches de la même couleur; parties inférieures d'un roux blanchâtre, varié de longues taches lancéolées d'un brun foncé; queue d'un gris brun, avec quatre bandes très-larges d'un brun plus foncé, et toutes, les pennes terminées de blanc.

L'Autour se trouve dans presque toutes les parties de l'Europe; il est commun en France, en Suisse, en Allemagne et en Russie. Il descend vers les parties méridionales du continent en hiver, et remonte dans le nord en été. Il habite les forêts, et particulièrement les bois de sapins, où il niche sur les arbres les plus élevés. Sa ponte est de quatre œufs, d'un gris bleuâtre, à peu près de la grosseur de ceux d'une poule moyenne. L'Autour se nourrit de menu gibier : oiseaux, lièvres, lapins, et il ne dédaigne ni les mulots, ni les taupes.

Cet oiseau de basse volerie est très-bon chasseur. En fauconnerie, on lui donne le nom de cuisinier, soit parce qu'il profite à la cuisine, soit parce qu'on le garde généralement à la cuisine, où il voit continuellement du monde; sa docilité le rend d'un affaitage très-facile. Il est employé avec succès pour le vol de la Perdrix, du Faisan, et pour le vol des oiseaux de rivière. Méchant pour les autres oiseaux de vol, il convient de l'en tenir éloigné, si l'on veut éviter des combats souvent meurtriers. L'Autour est très-estimé chez les Orientaux.

ÉPERVIER.

Astur nisus, Schlegel. *Falco nisus*, Linné. *Accipiter nisus, Accipiter fringilla-rius*, Ch. Bonaparte. *Sparvius nisus*, Vieillot. *Sparrow Hawk. Sperwer. Die Sperber. Finkenhabilch. Sparviere da Fringuelli.*

Diagnose : Tarses grêles, à peine vêtus supérieurement; doigt interne de la longueur de la première phalange du doigt médian; queue carrée, très-longue, dépassant de moitié et plus le bout des ailes.

Taille : le mâle, $0^m,32$; la femelle, $0^m,37$.

Le mâle adulte a les parties supérieures d'un cendré ardoise, avec une tache blanche à la nuque; parties inférieures blanches, rayées transversalement de roux et de brun, avec un trait de cette dernière couleur sur la tige des plumes, à la poitrine et à l'abdomen; du roux vif sur les côtés du cou, et des stries longitudinales brunes à la face antérieure de cette partie; sous-caudales d'un blanc pur; joues, comme le vertex, nuancées de blanchâtre au devant des yeux, et de roussâtre en dessous; couvertures des ailes et rémiges pareilles au manteau, les dernières barrées transversalement sur leurs barbes internes; queue de la même teinte en dessus, cendré bleuâtre en dessous, terminée de blanc et coupée par cinq bandes transversales noirâtres, plus foncées sur les barbes internes; bec noir bleuâtre à sa base; cire verdâtre; iris et pieds jaune citron. Chez les vieux sujets, l'iris est quelquefois jaune orange. Quelques individus ont les parties inférieures lavées de roux vif; mais les souscaudales sont toujours d'un blanc pur.

La femelle adulte, beaucoup plus grosse que le mâle, est d'un brun cendré moins ardoisé en dessus, blanc lavé de cendré très-clair en dessous, ondulé transversalement de brun au bas du cou, à la poitrine, à l'abdomen et aux jambes, avec un trait de brun de plomb foncé sur la tige des plumes; gorge et devant du cou blanc pur, avec des stries brun de plomb; sous-caudales d'un blanc parfait; joues variées de brun et de blanc; raie surci-lière blanche, variée de brun, se perdant avec le blanc de la nuque; côtés du cou blancs, striés de brun et de roussâtre; cou-vertures alaires comme le dos, avec leur tige d'une teinte plus foncée; rémiges brunes, portant des bandes transversales d'une nuance plus foncée sur les barbes internes; queue, comme celle du mâle, d'une teinte générale plus cendrée.

Fig. 21. — Épervier, d'après Schlegel.

Les jeunes de l'année ont les parties supérieures brunes, avec les bordures des plumes rousses; parties inférieures roussâtres,

avec des taches roux foncé sous forme de fer de lance à la poitrine, à l'abdomen et aux jambes; sous-caudales blanches, tein-
tées de roux ocreux à l'extrémité; devant et côtés du cou striés
de brun; joues variées de brun et de roussâtre; raie surcilière
roux blanchâtre; ailes de même nuance que le dos; les rémiges
primaires terminées de blanchâtre, et les secondaires de roussâtre; queue cendrée à l'extrémité; les pennes bordées de roussâtre, et portant cinq ou six bandes transversales, suivant le sexe,
qui se distingue facilement par la taille.

L'Épervier est répandu dans toute l'Europe. On le trouve
aussi en Afrique; il est sédentaire en Dauphiné et dans beaucoup
d'autres localités de la France. Degland.

Cet oiseau de basse volerie reçoit la même éducation que
l'Autour; il vole avec succès le Perdreau, la Caille, le Râle, etc.
Le mâle est plus faible et moins courageux que la femelle. On
dit qu'il n'est pas très-fidèle.

Fig. 22. — Rappel du Faucon.

ÉDUCATION DES OISEAUX DE VOL

La fauconnerie a, comme la vénerie, son langage consacré, et il nous faudra bien employer quelquefois certaines expressions plus ou moins heureuses, mais techniques, dont nous donnons, en terminant, le répertoire et l'explication par ordre alphabétique, afin de ne pas être obligé d'ouvrir à chaque instant une parenthèse qui nuirait à nos descriptions, souvent empruntées aux anciens auteurs.

Nous ne pouvions parler de fauconnerie sans rappeler les anciens usages, mais le but que nous nous proposons est de faire revivre un moyen de distraction qu'il est plus simple et plus facile qu'on ne pense de se procurer; l'art du fauconnier ne demande que de l'intelligence et de la patience : c'est ce que nous allons démontrer.

On demande au Faucon, ainsi qu'au Chien destinés à la chasse, l'application, au profit ou à l'agrément du maître, des instincts qu'ils exploitent naturellement à l'état sauvage. Mais pour obte-

nir ce résultat chez des animaux dont l'organisation est si différente à tous les points de vue, dont les instincts, le caractère et la
condition sont si peu comparables, il faut employer des moyens
en rapport avec leur naturel, leurs aptitudes et leurs sens. Il faut
réduire le Faucon à abdiquer l'exercice de sa volonté et à perdre
toute confiance en ses propres ressources, lui faire voir dans
l'homme l'arbitre suprême de son repos et de son bien-être; en
un mot, l'assujettir par la privation de sommeil et la faim, et le
fixer par l'espérance; il faut augmenter ses besoins pour donner plus de prix à leur satisfaction.

On est parvenu à dresser un assez grand nombre d'oiseaux de
proie, et même la Pie-Grièche, mais ce n'est pas sans raisons
qu'aux beaux temps de la fauconnerie, on s'est arrêté seulement
à quelques espèces qui réunissent les qualités essentielles. Les
Faucons de chasse doivent être forts, vigoureux et proportionnés
au gibier qu'ils doivent entreprendre; leur vol doit être puissant,
rapide, et leurs serres organisées pour être liantes, c'est-à-dire à
doigts longs, surtout celui du milieu, bien contractiles, nerveux
et à ongles acérés. Ainsi, en Europe, on repousse les Aigles parce
qu'ils sont trop lourds à porter sur le poing, trop indociles, et
qu'ils pourraient blesser les fauconniers; les Buses et les Milans,
parce que leurs serres ne sont pas assez liantes et que leur caractère n'est pas assez souple, ni assez régulier; les Busards,
parce que leur vol est trop lent, etc. Les vrais Faucons, les Autours et les Éperviers sont les chasseurs par excellence. On dis-
tinguait autrefois la fauconnerie, *ars falconaria*, et l'autourserie, *ars accipitraria*, qui correspondent assez à la division en
haute et basse volerie, comme nous le verrons plus loin. Les fauconniers n'employaient que les Faucons, tandis que les autoursiers se servaient de plusieurs oiseaux, mais surtout de l'Autour
et de l'Épervier. « Je m'amuseroy un peu à parler de l'Espervier,
dit G. Tardif, dans son *Traité de fauconnerie,* pour autant

qu'il est fort noble et fort usité en France : et aussi que qui sçaura bien voler, gouverner et affaiter l'Espervier, il sçaura aisément tout le traictement et la volerie des autres : joint qu'on s'en peut ayder hyver et esté, et avec grand plaisir pour les beaux vols qu'il fait : car chacun a endroit soy de quoi voler : et aussi qu'on en peut voler à toutes manières d'oiseaux, car il est commun à tout, plus que tous les autres Faucons et oiseaux. »

Si nous comparons l'oiseau de volerie au Chien de chasse, nous trouvons des différences énormes et qui ne manquent pas d'intérêt. « La perfection de l'animal, dit Buffon, dépend de la perfection du sentiment; plus il est étendu, plus l'animal a de facultés et de ressources; et lorsque le sentiment est délicat, exquis, lorsqu'il peut encore être perfectionné par l'éducation, comme chez le Chien, l'animal devient digne d'entrer en société avec l'homme; il sait concourir à ses desseins, veiller à sa sûreté, l'aider, le défendre, le flatter; il sait, par des services assidus, par des caresses réitérées, se concilier son maître, le captiver, et de son tyran se faire un protecteur. Le Chien a par excellence toutes les qualités intérieures qui peuvent lui attirer les regards de l'homme. Un naturel ardent, colère, même féroce et sanguinaire, rend le Chien sauvage redoutable à tous les animaux, et cède dans le Chien domestique aux sentiments les plus doux, au plaisir de s'attacher et au désir de plaire; il vient en rampant mettre aux pieds de son maître son courage, sa force, ses talents; il attend ses ordres pour en faire usage; il le consulte, il l'interroge, il le supplie; un coup d'œil suffit, il entend les signes de sa volonté. Sans avoir, comme l'homme, la lumière de la pensée, il a toute la chaleur du sentiment; il a de plus que lui la fidélité, la constance dans ses affections : nulle ambition, nul intérêt, nul désir de vengeance, nulle crainte que celle de déplaire; il est tout zèle, tout ardeur et tout obéissance, plus sensible au souvenir des bienfaits qu'à celui des outrages; les mauvais traitements ne le rebutent pas, il les subit, les oublie, ou ne s'en souvient que pour s'attacher davantage. Loin de s'irriter ou de fuir, il s'expose de lui-même à de nouvelles épreuves ; il lèche cette main, instrument de douleur, qui vient de le frapper ; il ne lui oppose que la plainte et il la désarme par la patience et la soumission. »

A ce tableau vrai du caractère du Chien, nous ajouterons seulement quelques mots : Le Chien, même sauvage, est naturellement sociable, il vit en troupes plus ou moins nombreuses, prend un soin extrême et longtemps prolongé de ses petits. Le Chien de chasse est choisi, il est vrai, parmi de nombreuses races qui n'ont pas toutes les mêmes aptitudes cynégétiques, et qu'on dresse pour tel ou tel genre de chasse, mais, le choix une fois fait, ce Chien devient l'esclave de son maître. L'exquise finesse de son nez, l'organe le plus parfait de ses sens, le besoin qu'il éprouve de plaire, la crainte d'une punition, ou même d'un reproche, en font un élève aussi soumis qu'intelligent et que ne décourage même pas la brutalité trop fréquente de maîtres qui n'ont ni sa patience, ni ses qualités affectives, et ne comprennent pas la vivacité et l'ardeur qui l'excitent. Le Chien est d'ailleurs rempli de bon vouloir : c'est spontanément qu'il met ses services à la discrétion de l'homme, et il se dresse souvent sans difficultés ; il comprend ce que veut son maître, et il est satisfait de la caresse qui récompense sa docilité, de même qu'il se montre sensible à une simple louange. Le désir d'une nouvelle caresse, l'espoir d'une autre louange l'encouragent, et chaque leçon se grave dans son cerveau. Il conserve le souvenir de ce qu'il a appris, et six mois de repos, sans chasser, ne portent aucune atteinte à son savoir-faire. S'il se trompe, ou si son ardeur l'emporte, une correction qu'il sait mériter, puisqu'il la prévoit et qu'il subit parfois avec une résignation qui se distingue au milieu de ses plaintes, lui inspire, pour quelque temps du moins, la crainte de retomber dans la même faute et lui donnerait plus de prudence, si la violence de ses instincts chasseurs ne lui faisait pas de temps à autre oublier qu'il travaille non pour lui, mais pour son maître. L'éducation du Chien est donc généralement facile; sa domestication est plus complète, plus franche que celle de tout autre animal. Il est heureux de son esclavage; sa soumission et son intelligence permettent de modifier ses instincts au profit de l'homme auquel il s'attache, près duquel il revient toujours et qu'il reconnaît même après une longue absence. Le logis de son maître est son logis, et, s'il s'égare, l'intonation de ses plaintes indique probablement autant ses regrets que l'espérance d'un appel qui le remettra sur le bon chemin.

Le Faucon est sauvage, naturellement indocile, insensible à la louange, aux caresses, aux corrections. Ses instincts l'éloignent de l'homme; il n'aspire qu'à la liberté et ne demande que l'isolement et l'espace. Il hait la main qui le nourrit, ne se soumet qu'à la faim et n'a même pas la reconnaissance de l'estomac, car dès qu'il n'a plus faim il cesse d'être soumis et n'a plus la moindre excitation pour la chasse. Il est si sauvage et si peu propre à la domestication que malgré des tentatives nombreuses et les soins les plus intéressés, on n'est jamais parvenu à faire reproduire en captivité ces belles espèces que, depuis des siècles, les fauconniers font venir à grand frais des pays privilégiés qui les fournissent. La facilité de l'affaitage des Faucons niais ou branchiers et n'ayant pas connu la liberté, comparée aux difficultés que présente l'affaitage des oiseaux adultes, suffisait pour ne négliger aucun des moyens d'obtenir, dans tous les pays où la fauconnerie était en honneur, l'acclimatation et la reproduction d'oiseaux si recherchés. Toutes les tentatives sont restées infructueuses. Le Faucon n'est même pas sociable, et, dans les lieux qu'il habite, forêts, montagnes ou falaises, il vit solitaire, ne cherchant compagnie que pour obéir à l'impé-

rieuse loi de la reproduction, encore n'est-ce souvent que pour
le temps strictement nécessaire à l'accomplissement de cette loi.
Il ne semble goûter les joies de la famille que par devoir, et il
s'y soustrait avec empressement dès que ses petits commencent à
pourvoir seuls à leur subsistance. La première proie que ces
petits saisissent dans le voisinage de l'aire éteint même le sentiment maternel, éveille la rivalité et l'égoïsme. Dès lors, le
père et la mère poursuivent leurs nourrissons avec acharnement
et comme des ennemis qui chasseraient sur leurs domaines et
leur déroberaient une part de butin. Chez ces oiseaux, ce ne
sont pas les jeunes qui, jaloux de leur indépendance et avides
de liberté, abandonnent leurs parents, ce sont ces derniers qui
les repoussent et qui se disputeront bientôt entre eux l'espace
dans lequel ils ont vécu pendant quelque temps en bonne intelligence.

Avec une si grande sauvagerie, on comprend que le Faucon
ne s'attache point à l'homme. C'est un esclave toujours prêt à
s'affranchir, à se révolter, et dont la servitude n'a qu'un prétexte,
la faim. Aussi verrons-nous bientôt que les fauconniers tiennent
sans cesse leurs oiseaux en appétit et qu'ils renouvellent et entre-
tiennent le besoin de manger par des cures ou purgations. Cette
sauvagerie n'est assouplie que momentanément et en apparence
par l'éducation. Quelques jours de liberté ou de repos laissent
promptement dominer les instincts du Faucon, et lui font oublier
tout ce qu'il avait appris. Il faut l'exercer sans interruption,
sinon l'éducation est toujours à refaire. Le sens le plus fin chez
l'oiseau de proie est la vue. Il aperçoit les plus petits objets à des
distances incroyables, et en planant au plus haut des airs il surveille ses victimes qui se promènent dans les champs.

Cet exposé des conditions cynégétiques du Faucon et de son
caractère farouche semble faire prévoir des difficultés insur-
montables pour son éducation. Il n'en est rien le plus souvent,

et, pour dresser un oiseau, dominer ses instincts, tirer parti de la finesse de sa vue, de la rapidité de son vol, de la force de ses mains et de son courage, il ne faut, comme nous l'avons dit, que de la patience et de l'intelligence.

Les besoins matériels sont la base de sa dépendance; on ne le dompte que par des privations de toutes sortes. Les moyens de répression sont nuls; en effet, trop fier et d'une organisation très-inférieure si on la compare à celle du Chien, le Faucon ne peut comprendre une correction; son intelligence ou, si l'on veut, ses instincts, ont une autre direction; n'étant destiné qu'à l'état sauvage, il n'a que des aptitudes qui sont en rapport avec cet état. Il ne comprend pas mieux une caresse qu'une punition : l'une l'irrite, l'autre le révolte.

Le principe de l'éducation du Faucon diffère donc essentiellement de celui de l'éducation du Chien; et nous allons voir que les moyens à employer sont aussi bien différents.

Parmi toutes les espèces d'oiseaux employés au vol, il est des individus si fiers et si fidèles aux vues de la nature à leur égard, que tous les procédés, tous les expédients, toutes les ruses et toute la patience des maîtres en fauconnerie n'ont jamais pu les dompter, bien moins encore les familiariser; si l'on s'obstine, ils crèvent de faim et de fierté. On a, en effet, remarqué que ces sujets si réfractaires, loin de s'adoucir avec le temps, se roidissent de jour en jour davantage, qu'ils s'aigrissent, et que leur indocilité et leur méchanceté augmentent en proportion des soins qu'on leur donne. Quand on a des élèves aussi intraitables, il faut les détruire, et ne conserver d'eux que les ailes et la queue, qui peuvent trouver leur emploi pour enter leurs pennes sur des pennes cassées.

Le succès de l'éducation et les qualités qu'on exige d'un oiseau bien dressé dépendent donc du choix qu'on fait des sujets, et, quoiqu'il soit impossible de préciser les caractères qui, à

8

première vue, peuvent déterminer ce choix, il existe cependant quelques signes qui permettent de reconnaître les aptitudes des Faucons. On ne connaît réellement leurs qualités ou leurs défauts que pendant l'affaitage.

« Un bon Faucon doit avoir l'œil fier et assuré, le bec court et gros, le cou fort, gros, la poitrine bien musclée, les mahutes larges, les cuisses longues, les jambes courtes, la main large, les doigts déliés, allongés et nerveux aux articulations; les ongles fermes et recourbés; les ailes longues; le pennage foncé et sans mouchetures. La bonne couleur des mains et du bec est le jaune verdâtre. Placé sur le poing et exposé au vent, le bon Faucon doit se tenir ferme. Les oiseaux trop fiers et obstinés qui s'irritent contre les moyens employés pour les dompter doivent être aussi promptement abandonnés que ceux qui sont paresseux, lourds et peu courageux; on perdrait son temps à élever les uns ou les autres. Les Faucons de passage, jeunes de l'année, *Faucons sors*, sont préférés par quelques fauconniers, même à ceux pris au nid ou *niais*.

« Il faut dans ce choix avoir égard d'abord au pays d'où ils viennent, car il est des contrées où ils naissent bien plus aisés à affaiter que dans d'autres. Ceux qu'on apporte de Suisse sont fort estimés. Il nous en vient encore de la Russie; leur affaitage est aussi très-facile, et généralement on dit que les oiseaux de ces climats sont toujours de meilleure affaire et plus gracieux que ceux qu'on envoie d'ailleurs. On fait encore cas de ceux qu'on tire des Alpes du côté de Vérone et de Trente. Cette remarque faite, on a égard au pennage, qui est de deux sortes, le blond et le noir. Celui-là est garni d'égalures, et l'autre tout d'une pièce; mais, comme dans l'un et l'autre de ces pennages on peut être trompé, il faut toujours choisir l'oiseau qui a le plus large devant et derrière, dont les mahutes sont relevées, de manière qu'il semble que cet oiseau ait la tête entre les deux épaules. Son vol doit être affilé, et prendre garde qu'il ne croise point. Il doit avoir le balai fort court, les mains déliées et les serres fort longues et fermes.

« L'oiseau le plus pesant sur le poing est toujours le meilleur, c'est-à-dire celui qui, parmi les oiseaux de son espèce, pèse le plus; car, par exemple, un lanier est plus lourd que son laneret : ainsi du reste. L'oiseau de proie doit être plein, car cette plénitude est une marque de son bon tempérament. »

Dans les beaux temps de la fauconnerie, en Europe, le Danemark, la Suède et la Norvége faisaient le commerce des grands Faucons, assez communs dans le Nord et fort recherchés à cause de leur force et de leurs qualités. On expédiait des Faucons sur tous les points du continent, et ils s'achetaient à des prix assez élevés pour l'époque. Les Faucons Pèlerins étaient rapportés des côtes d'Afrique, des îles de la Méditerranée et de l'Orient. On en prenait beaucoup en France, en Suisse et en Italie; ils étaient l'objet d'un commerce fort étendu.

Ainsi on se procurait des Faucons 1° en les achetant tout élevés; 2° en les élevant après les avoir pris dans l'aire, *niais*, ou à leur sortie de l'aire, *branchiers;* 3° en les prenant au piége ou au filet aux époques du passage, *passagers*.

On n'achetait un Faucon qu'après un examen bien minutieux : il fallait le déchaperonner pour voir si ses yeux étaient beaux et sains; s'assurer de la couleur rouge de l'intérieur du bec et de l'intégrité de la langue, quelquefois chancreuse; tâter la mulette, qui ne devait pas être empelotée ; porter l'oiseau au vent, et reconnaître qu'il s'y tient ferme et le chevauche opiniâtrément.

On reconnaît qu'un Faucon est d'un bon tempérament lorsque ses émeus sont réglés, qu'ils ne sont point épais, et qu'après la digestion il rend son pât gluant et non pas sec. Si les émeus qu'il rend sont verts ou bleus, on ne doit point le prendre, car il ne peut vivre longtemps. Cet oiseau donne une preuve de santé parfaite lorsqu'on le voit se tenir tranquillement sur le bloc, ou bien lorsqu'à l'aide du bec il nettoie les pennes de ses ailes, qui doivent être luisantes. Il ne doit point hérisser ses plumes, frissonner, fermer les yeux, ni lever alternativement les mains.

FAUCONS NIAIS.

Quand les fauconniers ont connaissance d'une aire, ils la surveillent et ne s'en emparent que lorsque les petits *niais*, déjà emplumés, ont encore du duvet sur la tête, ou seulement lorsque ces niais, ayant quitté l'aire, ne peuvent encore voler, ni pourvoir eux-mêmes à leur nourriture, et passent *branchiers*.

Aussitôt qu'on reçoit une nichée de niais, quelle qu'en soit l'espèce, on leur attache le grelot, et on les laisse en liberté dans l'aire artificielle qu'on leur a préparée à la fauconnerie, jusqu'au moment où, devenus branchiers, ils commencent à voler. Il faut alors les élever avec grand soin, et de cette première éducation dépendent souvent les qualités ou les défauts qu'ils auront par la suite. Il convient de les laisser libres dans la fauconnerie. La contrainte et l'esclavage ne manqueraient pas d'amollir leur caractère et d'altérer le principe de leurs facultés, qui alors, ne se développant plus que très-imparfaitement, ne donneraient qu'un élève dégradé et indigne du rôle qu'il doit jouer.

L'aire artificielle consiste en un tonneau défoncé d'un côté, couché, et dont l'ouverture est dirigée au levant, ou en une hutte de paille tressée. On garnit l'intérieur d'une poignée de paille, qu'il faut renouveler souvent, et l'on place le tonneau ou la hutte, soit sur un mur bas, soit sur la fourche d'un arbre peu élevé et à portée de la main; on leur donne régulièrement à manger deux fois par jour, mais dès qu'ils peuvent prendre eux-mêmes leur nourriture sur une planche ajustée au niveau de l'ouverture du tonneau ou de la hutte, comme la passerelle d'un colombier, on dépose deux fois par jour, à sept heures du matin et à cinq heures après midi, les petits morceaux de viande de bœuf ou de mouton destinés à la nourriture des élèves, et, à chaque repas, on doit les avertir par un bruit de bouche quelconque, mais toujours le même, afin de les habituer à connaître ce bruit, qui, par la suite, servira de rappel.

Les oiseaux doivent manger cette viande sur place, et s'ils tendent à s'éloigner à quelque distance avec le morceau qu'ils ont saisi, il faut, pour ne pas leur laisser prendre cette habitude, fixer les morceaux de viande à la planche à l'aide d'une petite ficelle tenue par un clou enfoncé jusqu'à la tête. Ce soin, pendant la première éducation des oiseaux, est important, et, par la suite, quand ils auront abattu ou saisi une pièce de gibier, ils ne chercheront pas à la charrier.

Niais ou branchiers, ils doivent être apportés avec soin et sans délai à la fauconnerie et immédiatement armés. Quand ils sont assez forts pour voler, on les place dans une chambre à deux fenêtres garnies de grillage et disposées de manière à recevoir beaucoup de soleil. Devant chacune de ces fenêtres on place un perchoir monté sur un gazon, et, près de là, un baquet contenant de l'eau bien propre et entouré de sable de rivière et de petites pierres. Cette eau, renouvelée tous les jours, est destinée au bain, et ne doit s'élever qu'à la hauteur de huit ou dix centimètres dans le baquet. Il faut prendre grand soin de les paître tous les jours aux mêmes heures, et de leur donner le pât sur le poing, afin de les accoutumer à s'y placer. Leur nourriture doit être de la chair de petits Chiens de lait, de petits Chats, de Pigeonneaux et de Poulets, qu'il faudra leur donner hachée. A défaut de cette chair tendre, on leur donnera de la viande de Bœuf ou de Mouton hachée avec un œuf dur; leur plumage deviendra net et brillant.

Si les Faucons niais ont été élevés dans la volière de la fauconnerie, il est facile de les prendre pour commencer leur affaitage; mais si on les a laissés libres, comme cela se fait souvent,
jusqu'au moment où, confiants dans leurs forces et surtout dans
leurs ailes, ils peuvent s'échapper, on doit éviter de leur laisser
goûter plus longtemps une liberté dont la jouissance trop prolongée augmenterait, comme nous le verrons, les difficultés de
l'affaitage. Il faut alors les prendre avec un filet ou un piége,
qui ne les expose pas à se blesser. Pour réussir, on attire les oiseaux aux heures du pât, à l'endroit même où ils ont l'habitude
de venir le prendre chaque jour; ils ne sont pas encore assez
sauvages pour éviter le piége qu'on leur tend; beaucoup sont
même assez familiers et se laissent facilement approcher. Il
n'est donc pas nécessaire d'insister davantage sur une opération
qui ne demande qu'un peu d'adresse et d'intelligence. Tous les
Faucons niais, au moment où on les prive de la liberté, ne sont
pas également dociles; aussi traite-t-on les plus rétifs comme s'ils
avaient été pris sauvages à l'état de branchiers, et les moyens que
nous indiquerons en son lieu et qui sont employés pour ces derniers, leur sont applicables.

Le Faucon niais étant assez fort pour recevoir les premières
leçons, il faut : 1° lui mettre les jets qui servent à le tenir à la
main, l'habituer graduellement à la vue des hommes, des chiens,
des chevaux, des voitures, aux bruits divers qu'il pourra entendre, et les porter souvent sur le poing. Il faut, dans tous les
exercices qui vont suivre, éviter les mouvements trop brusques,
les impatiences, et ne pas oublier d'approcher l'oiseau toujours
doucement, en avant, et en lui parlant; 2° le forcer à sauter
lui-même du bloc sur le poing, à l'appel qu'on lui fait. Pour obtenir ce résultat, on profite de sa faim, et on lui fait faire cet
exercice au moment des repas. On se place d'abord très-près du
bloc sur lequel l'oiseau est attaché par sa longe, on lui présente

le poing gauche garni du gant, et, avec la main droite élevée à
dix ou douze centimètres au-dessus de la gauche, on lui montre
une beccade, qu'on ne lui donne que lorsqu'il est venu au poing.
Quand la beccade est avalée, on le replace doucement sur le bloc,
et pendant tout le repas on recommence le même exercice. L'é-
lève est-il docile et vient-il facilement au poing, on s'éloigne
successivement du bloc, jusqu'à la longueur de la longe d'abord,
puis bientôt on lui fait faire cet exercice en liberté, mais toujours
avec les jets, qu'il ne doit jamais quitter, même quand il volera
pour bon, et on s'éloigne chaque jour davantage suivant les pro-
grès de l'élève. Il apprend bientôt à connaître la voix, à venir à
l'appel; l'habitude est facilement prise. Ces exercices demandent
un temps plus ou moins long, suivant le caractère de l'élève et
aussi suivant la douceur ou mieux l'aptitude du maître. Quand
tout va bien, que l'oiseau vient bien au poing et s'y maintient
sans hésitation, on se sert du leurre ou du tiroir approprié au
genre de chasse auquel on destine l'oiseau; il le connaît en peu
de temps, et les leçons continuent à blanc, c'est-à-dire sans
viande et sans leurre et seulement à la voix; le repas se donne
immédiatement après. 3° Il faut montrer à l'élève le gibier qu'il
doit chasser. On se sert d'abord d'un leurre représentant ce gibier et garni d'un morceau de viande qu'on laisse manger sur
place quand l'exercice a été bien exécuté. Puis on le leurre à vif
avec ce même gibier vivant et maintenu à l'aide d'une filière
progressivement plus longue. Quand l'élève lie bien le gibier
captif, on ne le lui laisse pas tuer, pour qu'il serve à plusieurs
leçons, on l'approche avec douceur, on le lui enlève adroitement,
et on le remplace subtilement par un leurre de même espèce
garni d'un morceau de viande, et sur lequel il s'acharne. 4° Arrive le moment où l'oiseau commence à être assuré; la filière a
été considérablement allongée, l'élève ne cherche pas à dérober
ses sonnettes; il faut essayer de le jeter sur un gibier qu'on es-

cape, c'est-à-dire qu'on met en liberté. Si l'élève se comporte bien, il ne faut que quelques épreuves avant de le laisser voler pour bon.

Fig. 25. — Faucon leurré à la filière.

FAUCONS BRANCHIERS.

Les Faucons désignés sous le nom de Branchiers, sans distinction d'espèce, sont ceux qui ne sont pris que lorsqu'ils ont quitté l'aire et commencent à voleter assez pour se promener sur les branches en attendant la pâture que leurs pairons leur apportent. Ces oiseaux, qui n'ont encore reçu aucun soin de l'homme, sont naturellement plus sauvages, plus indociles que les niais, et il faut immédiatement les soumettre par la privation de mouvement et de lumière. Voici les moyens employés : 1° leur mettre le linge ou chemise de force pour les transporter à la fauconnerie; 2° arrivés au logis, leur desserrer le linge; 3° les couvrir du chaperon de rust; 4° les armer de grelots et leur mettre les entraves; 5° les brancher dans une chambre obscure, sur un bloc entouré de paille, et les y attacher à l'aide de la longe. La paille doit former litière pour que, si les oiseaux se défendent, s'abattent et cherchent à quitter le bloc, ils ne puissent se blesser.

Quelquefois ces moyens suffisent pour être maître en quelques jours des plus doux; mais il est souvent nécessaire de traiter les plus indociles comme on traite les oiseaux de passage, qui n'oublient pas aussi facilement la liberté dont ils ont joui jusqu'au moment où ils ont été pris. Cette première éducation, indispensable avant de songer à l'affaitage, étant à peu près la même pour tous les oiseaux rétifs, nous en donnerons les règles en parlant des Faucons de passage.

FAUCONS PASSAGERS.

On peut prendre les Faucons de passage à l'aide du filet à alouettes, et voici dans quelles conditions cette chasse se fait avec succès. Faisons d'abord observer que les Faucons éducables, nobles, ne chassent que les animaux qui volent ou courent, et ne s'élancent pas sur une proie immobile, comme les oiseaux dits ignobles, et qu'on ne peut dresser à la chasse. L'oiseleur tend son filet comme pour toute autre chasse, mais il se cache avec grand soin et à distance, sous une cabane de feuillage. Au centre de l'espace libre qui sépare les deux panneaux du filet, il a placé une petite poulie montée sur un pieu, solidement et presque complétement enfoncé en terre. Dans cette poulie se trouve engagée une ficelle, longue de trois fois la distance de la poulie au chasseur. Les deux bouts et un tiers de la longueur supérieure de cette ficelle sont dans la cabane. Au tiers environ de la longueur de la ficelle et à son chef supérieur, l'oiseleur attache par les pattes un Pigeon vivant, et le retient dans un panier jus-

qu'au moment où il faudra le laisser voler. A un mètre environ
en avant de la cabane, on plante un petit perchoir, haut de
cinquante ou soixante centimètres, et sur lequel un Hibou, ou
tout autre rapace nocturne, est attaché par une patte de manière
à ne pouvoir voler. Ce Hibou n'est nécessaire qu'autant que les
Faucons sont rares et passent assez haut pour ne pas être facilement aperçus par le chasseur [1], qui, dans ce cas, est prévenu de
la présence d'un Faucon par les mouvements inquiets du Hibou;
ce dernier baisse la tête et tourne l'œil vers le ciel. L'oiseleur
lâche alors le pigeon, qui vole au-dessus du filet et qu'il fait
descendre en tirant le chef inférieur de la ficelle. Le Faucon l'a
aperçu et décrit de grands cercles en se rapprochant de terre.
Mais comme il dédaigne une proie immobile, et que le Pigeon l'aperçoit aussi et n'ose voler, le chasseur retire ce dernier
jusque dans la cabane, à l'aide de la ficelle dont les deux extrémités restent fixées sous sa main, et dont deux tiers seulement
de la longueur sont en mouvement, soit en avant, soit en retraite.
Le Faucon s'est sensiblement rapproché de terre; il aperçoit le
Hibou, il attend le Pigeon; les deux proies lui font envie, mais
par des motifs bien différents; le Hibou lui est antipathique, et il
aime le pigeon. L'oiseleur saisit alors le moment favorable et
lâche une seconde fois le Pigeon. Le Faucon fond sur la victime
et la saisit; l'oiseleur a retiré le chef inférieur de la ficelle et
fait descendre le Pigeon presque jusqu'à la poulie, et n'a plus

---

[1] Comme le Faucon est quelquefois si élevé qu'il échapperait aux regards
du chasseur; ce dernier peut aussi être averti du passage d'un Faucon par
une Pie-Grièche qui est retenue captive près de la cabane à l'aide d'une
ficelle attachée au corset. Ce petit oiseau, par ses mouvements et son genre
d'agitation indique l'espèce d'oiseau de proie qui passe. Est-ce une Buse ou
tout autre ennemi lourd et peu dangereux, la Pie-Grièche ne se remue
qu'assez mollement; mais si elle cherche à se précipiter dans la loge et à
s'y cacher, elle annonce, par cette démonstration, un oiseau d'un genre
noble. Sonnini.

qu'à faire jouer les panneaux du filet pour couvrir le Faucon, qui ne lâche pas sa proie. Les ouvrages de fauconnerie contiennent d'autres procédés pour prendre les Faucons de passage, mais ils sont tous fondés sur le même principe : la voracité et l'appât d'une proie en mouvement, ou l'antipathie pour les oiseaux de nuit. Ainsi, dans le nord de l'Europe, les fauconniers emploient le Hibou grand-duc et les filets connus sous le nom d'araignes, pour prendre les grands Faucons, si estimés pour le vol. Dans tous les pays, on obtient de bons résultats de l'usage de brins de bouleau garnis de glu et répandus sur le sol autour d'un oiseau captif, et qu'on peut faire voler à volonté à l'aide d'une filière.

On vante encore le procédé suivant : Prendre un Pigeon, lui attacher à la patte une ficelle, longue de vingt mètres, engluée seulement à ses deux tiers, et dont l'extrémité est garnie d'un poids assez lourd pour que l'oiseau ne puisse l'emporter trop loin, assez léger pour qu'il ne puisse l'empêcher de voler. On met discrètement de la glu sur les mahutes et sur la tête du Pigeon, on le lâche en plaine sur le passage de l'oiseau qu'on veut prendre, et on le surveille. Le Faucon fond sur le Pigeon, qui gagne terre, et tous deux restent empêtrés dans la ficelle. On se sert aussi d'un lièvre empaillé et englué, que deux oiseleurs, placés à distance l'un de l'autre, font mouvoir sans cesse, dans une raie de champ, garnie de gluaux à droite et à gauche de la piste.

La méthode de traitement est à peu près la même, dans son ensemble, pour tous les oiseaux chasseurs, mais quelques espèces exigent des soins particuliers que nous ferons connaître.

Un Faucon passager vient d'être pris, il est mis immédiatement en linge, et chaperonné de rust, avec toutes les précautions nécessaires pour l'empêcher de se blesser en se défendant, et il est apporté à la fauconnerie.

Là, on lui met les grelots et les jets, on attache la longe et l'on place l'oiseau sur un bloc garni de gazon. On a grand soin de lui ôter le chaperon pour la première nuit, afin de lui permettre de rejeter sa pelote, qui se compose des plumes ou des poils, d'une partie des os et même d'une partie de la peau des animaux qu'il a mangés avant d'être pris. S'il restait chaperonné, il ne rendrait pas cette pelote, qu'il rejette toujours en liberté, parce qu'il ne peut la digérer comme la chair. L'oiseau est alors abandonné dans l'obscurité la plus complète.

Le lendemain, le fauconnier, la main couverte du gant, prend l'oiseau sur le poing, et partageant nécessairement lui-même une grande partie des fatigues auxquelles il va soumettre son élève, pour l'affaiblir et le dompter, il le porte continuellement, jour et nuit, sans lui permettre un seul instant de repos ou de sommeil. C'est par épuisement qu'il obtiendra un commencement de soumission, un peu moins de fierté. Le fauconnier fatigué, est remplacé par un aide, car cette première épreuve dure ordinairement trois fois vingt-quatre heures sans relâche pour l'oiseau. Si l'élève s'agite ou se défend trop violemment, on tempère son ardeur par des jets d'eau froide sur tout le corps, on lui plonge même la tête dans l'eau fraîche, et ce moyen, très-efficace, le calme aussitôt; il reste comme stupide, immobile et vaincu. Il faut profiter de cette situation pour lui couvrir la tête du chaperon de rust. A la privation du repos, du sommeil, de la nourriture, vient s'ajouter celle de la lumière, et l'élève, abattu, oublie bientôt son indépendance.

La leçon qui doit amener la docilité se prolonge rarement au delà de trois jours; souvent l'oiseau est soumis en moins de temps, et dès qu'il donne des signes de docilité, c'est-à-dire dès qu'il est plus calme, qu'il se laisse couvrir et découvrir la tête avec une sorte d'indifférence, mais toujours tenu sur le poing, on lui donne quelques petits morceaux de bonne viande coupée en petites lanières longues et étroites, qu'il puisse avaler facilement, et l'on exige qu'il prenne ce pât tranquillement, à la main du fauconnier, qui le lui présente de temps à autre et en quantité suffisante pour le soutenir, sans lui rendre ses forces.

L'oiseau est-il soumis, on lui accorde du repos, on ne le veille plus, on lui laisse passer la nuit au bloc, on augmente sa nourriture, on la varie en lui donnant du vif, mais, dans ce dernier cas seulement, il ne faut pas négliger de lui ôter le chaperon pour la nuit, afin de lui laisser rejeter la pelote.

Pendant le jour, l'élève est chaperonné et remis au poing; il faut le promener au moins deux fois pendant une ou deux heures dans le jardin d'abord, où il ne voit que le fauconnier et ses aides; puis, progressivement, dans des lieux fréquentés, car il est nécessaire de l'habituer au bruit, au mouvement extérieur, et ne lui ôter par moments le chaperon qu'autant qu'il est docile, ne s'effraye pas, ne se tourmente pas du bruit des voix étrangères, du mouvement qui se fait autour de lui, du passage des chevaux et des chiens. Chaque fois qu'on le déchaperonne, il faut lui donner une beccade. Le fauconnier doit souvent parler à son oiseau, lui bien faire connaître sa voix, et lorsqu'il lui accorde une beccade, il doit la lui donner en lui faisant un appel de langue ou en sifflant, mais toujours de la même manière, afin d'habituer son élève à ce signal. Ces exercices ne sont pas encore l'affaitage, qui ne peut commencer que lorsque l'élève est complétement *introduit*, soumis; ce sont des préliminaires importants, et leur durée dépend du caractère plus ou moins farouche de l'oiseau qu'il faut, en quelque sorte, apprivoiser. Elles ne demandent, dans les cas les plus favorables, que deux à cinq jours, mais quelquefois aussi elles exigent huit ou dix jours. Quand l'élève est difficile à soumettre, on peut augmenter ou renouveler son appétit en lui donnant des cures; il est plus désireux de paître, et la vue du pât, la satisfaction qu'il a à le prendre assouplissent

9

son naturel sauvage. Nous dirons en son lieu comment on prépare ces cures et l'effet qu'elles produisent.

Fig. 24. — Départ pour la chasse au Faucon.

AFFAITAGES DES FAUCONS

Nous supposons l'élève complétement familiarisé et docile, et nous allons faire connaître les divers exercices auxquels il sera successivement soumis pour l'amener à voler pour bon. Chacun de ces exercices demande souvent plusieurs jours, et l'on ne passe à l'exercice suivant que lorsque l'élève exécute bien les précédents.

1er EXERCICE. — On se propose d'habituer l'oiseau à sauter spontanément sur le poing du fauconnier qui lui en donne le signal.

Dès le matin, l'oiseau, étant à jeun, est porté sur la perche, sa longe attachée aux jets. Le fauconnier tient la longe de la main gantée, il déchaperonne l'oiseau ; de l'autre main il tient une beccade ; il se rapproche de l'élève à la distance de quinze à vingt centimètres, lui présente le poing de manière à ce qu'il puisse facilement y sauter, et, de l'autre main qu'il tient au-dessus du gant, il montre une beccade et fait un appel. L'oiseau hésite-t-il, il rapproche insensiblement le poing de la perche, et la beccade n'est livrée que lorsque l'élève a compris et obéi. Il est replacé doucement sur la perche, et cet exercice se répète pendant toute la durée du déjeuner. La leçon terminée, le chaperon est replacé et l'oiseau remis au bloc.

Le dîner permet la répétition des mêmes manœuvres. La distance à laquelle se place le fauconnier augmente progressivement à chaque leçon jusqu'à la longueur de la longe, et cet exercice doit se faire pendant quelques jours jusqu'au moment où l'élève obéit à l'appel sans qu'il soit nécessaire de l'affriander par une beccade même à d'autres heures qu'à celles du pât. Cette leçon est une de celles qui se prolongent indéfiniment, même après que les oiseaux sont parfaitement assurés.

2ᵉ EXERCICE. — Cet exercice est une répétition du premier, mais dans de nouvelles conditions : le fauconnier détache la longe et excite l'élève à sauter du bloc sur le poing; il le porte ainsi en plein air, remplace la longe par une filière, dépose l'oiseau sur un gazon, le déchaperonne, s'éloigne à distance d'abord courte et toujours progressive, tenant la filière de la main gantée et de l'autre un leurre armé, qu'il agite pour le faire voir, en faisant un appel. Cet appel est ordinairement le mot *hallo*, répété deux ou trois fois et toujours avec la même intonation. Le pât se trouvant sur le leurre, l'oiseau le connaît en peu temps; il s'habitue à recevoir ainsi ses repas, il y prend même plaisir, et, dans la suite, on verra que cette leçon sert non-seulement pour le moment à appeler l'oiseau au poing, mais encore à préparer son rappel à plus grande distance quand il volera pour bon. Le fauconnier a appelé l'élève d'abord à la distance de quelques pas, puis successivement à celle d'un quart de filière, de demi-filière et enfin de toute filière; et, chaque fois qu'il est revenu au poing, il a été affriandé. Cet exercice permet de reconnaître si l'élève cherche à dérober ses sonnettes, car il peut, avec la longueur de la filière, se croire en pleine liberté.

3ᵉ EXERCICE. — Les exercices de cette leçon doivent se faire dans une orangerie, un manége, si la fauconnerie n'a pas une grande pièce close; car, si l'élève n'est pas suffisamment assuré, on risquerait de le perdre, puisqu'il va travailler en liberté. Le fauconnier procède comme il l'a fait à la leçon précédente : l'oiseau est sur le poing, tenu seulement par les jets, sans longe;

un pigeon vif est attaché à une filière et lâché à petite distance de l'élève, qu'on excite à voler. Si l'élève se montre entreprenant et lie bien le pigeon, on lui laisse prendre plaisir pendant quelques instants, et on s'approche doucement de lui, toujours par devant ; on lui soustrait adroitement sa proie morte en lui substituant le leurre. Le fauconnier s'éloigne avec le leurre après que l'élève a mangé la viande qu'il portait, et il le réclame. Un autre pigeon est mis à la filière, et, après quelques instants de repos, l'élève se livre de nouveau au même exercice. Il est reporté à son bloc ; mais, comme il est probable qu'il a avalé quelques plumes, il ne faut pas oublier de le déchaperonner pour la nuit.

Les exercices d'une leçon préparent ceux de la leçon suivante et permettent au maître de prendre confiance dans son élève en lui laissant prévoir l'époque à laquelle il sera complétement assuré.

L'élève a appris à connaître le leurre ; il sait qu'à ce leurre est attaché un morceau de viande qu'il prend lorsque, rappelé, il est revenu au signal. Quelques jours sont employés alors à la répétition de toutes les leçons et à des exercices à plus grande distance, et l'élève, indépendamment du plaisir qu'on lui laisse prendre sur les pigeons, reçoit bonne gorge et se repose jusqu'au lendemain.

4ᵉ EXERCICE. — L'oiseau est supposé de bonne créance, car il va voler comme dans la leçon précédente, mais en liberté complète. Ce sont encore des Pigeons attachés à la filière qui font en partie les frais de cet exercice ; seulement on augmente progressivement les distances en allongeant la filière.

Si l'élève travaille à la satisfaction du maître, il est temps de lui faire oublier les Pigeons et de lui faire connaître le gibier au vol duquel on le destine. Je suppose que c'est la Perdrix : dans ce cas, on a en volière quelques-uns de ces oiseaux, qui vont servir d'abord à la filière, puis en liberté. On a soin de remplacer le premier leurre couvert d'ailes de Pigeon par un nouveau couvert d'ailes de Perdrix. L'exercice est donc toujours le même; toujours suivi de bonne gorge quand il est terminé; et enfin, quand l'élève se comporte bien, on lui fait plaisir avec la proie qu'il a liée et qu'on lui abandonne.

5ᵉ EXERCICE. — Cet exercice devient plus intéressant; il laisse une part à l'émulation : c'est ainsi que le fauconnier traduit le mot voracité. En effet, deux élèves prennent part à la leçon et volent en même temps sur le même oiseau de filière d'abord, puis sur un oiseau d'escape. Le plus habile profite de tous les avantages de la situation; l'autre reçoit néanmoins, s'il a bien volé et pour ne pas le décourager, une part de pât, une consolation. Mais le premier seul jouit de son droit de courtoisie. Il est important que les deux oiseaux chasseurs ne se cherchent pas querelle. On répète cet exercice à des distances progressives, jusqu'au moment où l'oiseau sera jugé assez assuré pour voler pour bon.

6ᵉ EXERCICE. — Cette leçon n'est que l'application de toute la série des exercices auxquels l'élève a été soumis. Le fauconnier, avant de faire voler ses oiseaux devant témoins, doit les essayer en plaine au vol pour bon, et s'éloigner des curieux tant qu'il n'est pas sûr que ses élèves lui feront honneur. La critique est aisée, l'art est difficile. Il faut donc que les oiseaux volent pour bon assez longtemps pour que le maître ne soit pas exposé aux risées, soit parce qu'un élève dérobera ses sonnettes, soit parce qu'il prendra change sur un Pigeon, soit parce qu'il refusera de voler ou ne volera pas d'assurance, soit enfin parce qu'il charriera sa proie.

Telle est, en général, la marche à suivre pour l'affaitage des oiseaux. Ces principes généraux établis, il faut aborder quelques questions de détail qui se rattachent à l'espèce qu'on affaite, à son caractère plus ou moins souple, quelquefois trop fier, trop ardent, au pays d'où elle est apportée, au vol auquel on la destine, etc., etc.

Fig. 25. — Retour de la chasse au Faucon.

AFFAITAGE DES GRANDES ESPÈCES DE FAUCONS DÉSIGNÉS GÉNÉRALEMENT SOUS LE NOM DE GERFAUTS, FAUCON BLANC, FAUCON D'ISLANDE, FAUCON DE NORVÉGE.

Lorsque ces oiseaux de l'extrême nord étaient un objet de commerce, ou de cadeaux royaux ou princiers, on a remarqué que plus ils étaient grands, forts et âgés, plus leur affaitage était difficile. On a constaté aussi que plus la température du pays natal était froide et plus les élèves offraient de résistance aux fauconniers. Enfin on dit que les Tiercelets hagards de ces grandes espèces étaient de tous les plus réfractaires.

Les soins qu'il faut donner à ces oiseaux, à leur arrivée, sont ainsi indiqués : Il faut d'abord les essimer, mais, pour le faire sans danger, il est indispensable de tenir compte du degré de force de leur constitution ; du temps qui s'est écoulé depuis qu'ils sont pris, de l'inaction dans laquelle ils ont vécu et de la qualité des viandes plus ou moins nourrissantes qu'on leur a données. Il faut surtout se bien garder de rien exagérer : un jeûne poussé à l'excès ne produirait qu'un effet momentané ; moins rigoureux, mais trop prolongé, il serait suivi de marasme. Que l'on se tienne donc dans un juste milieu, et, en cherchant à amaigrir l'oiseau pour le dompter, il faut tout combiner, de manière à ce qu'en l'abaissant momentanément, ce soit sans altérer ses facultés naturelles, qu'il faut ménager, et qu'il soit possible de le relever en peu de temps. L'expérience a appris que l'on atteint ce but en ne donnant à l'oiseau que la moitié de la nourriture qu'on lui laisserait prendre, si l'on voulait le tenir dans toute sa force. On a le soin de filtrer l'eau qu'il doit boire et de laver la viande du pât pour la rendre moins nourrissante et un peu laxative. Ce régime ne suffit cependant pas toujours pour réduire ses forces et le rendre docile ; il faut parfois avoir recours au pât de cœur de veau pilé, mis en boulettes et qu'on donne à l'oiseau pendant quelques jours, de manière à ce qu'il fasse gorge d'une boulette entière. L'effet produit, on revient à la première nourriture de chair lavée, à demi-gorge seulement, et quelques jours suffisent pour arriver au but désiré. On profite de ce temps perdu pour habituer l'élève au chaperon, puisque, jusqu'à ce moment, c'est le seul exercice possible. Mais cette manœuvre particulière exige quelques détails, à l'égard des plus indociles. Vers les quinze derniers jours du régime qui vient d'être indiqué, on bride une des ailes du Gerfaut; on lui mouille le dessus du dos, les côtés et le devant du corps, en lui jetant de l'eau avec une éponge. Puis, sans ôter ni relâcher le chaperon, on lui passe une main devant et derrière la tête qu'on manie, et avec l'autre, munie du frist-frast, on le frotte en appuyant sur le dos, sur les côtés et entre les jambes. Si les mouvements de la tête sont souples, dociles à la pression de la main, on relâche le chaperon pour découvrir à moitié un des yeux. Le chaperon est maintenu ainsi ou resserré plus ou moins promptement, suivant la conduite de l'oiseau. On renouvelle les frictions à l'aide du frist-frast; on découvre un œil, on le recouvre alternativement, et bientôt les deux yeux peuvent être démasqués, mais, sans ôter entièrement le chaperon, dans lequel le bec reste toujours engagé. Ces manœuvres, qui se font d'abord dans le silence, l'isolement et une demi-obscurité, ont un succès tel, que, si on les commence le matin, et si elles sont répétées dans la journée, il est assez ordinaire de voir le Gerfaut, ainsi tourmenté sans relâche, s'adoucir assez dans la soirée, quoique découvert, pour lui laisser voir compagnie. Si l'on juge l'élève assez déprimé, ou assoupli, pour faire cesser son isolement, il faudra éviter tout ce qui pourrait l'intimider, l'effrayer, éveiller sa défiance. Les personnes qui entreront dans la fauconnerie seront placées de manière à le voir en face, et se garderont de passer derrière lui : si l'oiseau prend peur, la souplesse acquise est perdue et il faut revenir aux premières épreuves. Si rien ne le dérange, on continue le régime indiqué jusqu'ici, et l'exercice fréquent du chaperon. On le veille, et on se sert du frist-frast jusqu'à une heure avancée de la nuit; alors on lui laisse prendre un repos dont il a grand besoin.

Un Gerfaut est rarement introduit avant un mois de séquestration et quinze ou vingt jours de demi-régime. Mais, dès que

cette première éducation est assurée, on peut commencer à
éprouver sa docilité. Les dix premiers jours sont employés à la
fréquente répétition des exercices précédents, qui commencent,
chaque jour, dès le matin, et se prolongent jusqu'au milieu de
la nuit. Mais on laisse peu à peu l'oiseau plus longtemps découvert, pour qu'il s'accoutume au bruit, au mouvement, aux
chiens qu'on tient d'abord à distance, en laisse, et qui doivent,
eux aussi, être habitués au faucon.

A cette époque de l'initiation, l'oiseau, à demi découvert,
reçoit quelques beccades, puis progressivement on en permet un
plus grand nombre sans mettre le chaperon, et l'on arrive à lui
donner sa ration entière sans être couvert. L'introduction s'avance
lorsque l'élève se montre empressé à prendre sa nourriture, docile aux autres exercices et paisible à la vue des hommes et des
Chiens. L'élève est porté chaperonné dans une pièce où n'entrent
que le maître et ses aides, et où se trouve une table sur laquelle
est attachée une queue de Bœuf dépouillée. Les aides sont placés
de manière à faire face à l'oiseau lorsqu'il sera déchaperonné.

Le maître, ayant à la main une aile de Pigeon sanglante, et encore chaude, s'approche de l'oiseau, la lui fait sentir, et, au moment où le Gerfaut s'acharne sur ce pât presque vif, et en a déta-
ché une ou deux beccades, on le découvre et l'on tire doucement
l'aile sur la queue de Bœuf; l'oiseau suit, se jette sur la queue;
l'aile est enlevée, pour être représentée quelques instants après
dans le creux de la main : à mesure que l'oiseau pose sur cette
aile l'une ou l'autre de ses serres, on élève doucement la main
en faisant, à voix basse d'abord, le cri du leurre hallo-hallo, et
tandis qu'il s'acharne de nouveau sur l'aile, on le chaperonne
aussi légèrement que possible. Un moment après on retire l'aile,
et l'exercice recommence. L'oiseau découvert reprend la queue
de Bœuf; on le relève en lui présentant une nouvelle aile de Pigeon, avec laquelle on le leurre. Un des aides lui donne, dans sa

main, le complément de la ration : pendant qu'il mange et lorsqu'il arrive aux dernières beccades, on le recouvre ; on l'acharne encore quelques instants sur l'aile, et l'exercice finit par la friction du frist-frast. Le lendemain on recommence, en attirant l'oiseau vers la table par un appât dont on le tient un peu plus éloigné, en haussant la voix par le cri du leurre, en même temps qu'on l'acharne. Dans la soirée du même jour, l'oiseau étant placé sur sa perche et découvert, on passe devant, et à quelques pas de lui, avec une lumière ; on la promène doucement, en ayant soin d'éviter d'abord que l'ombre qui sera produite passe derrière lui ; on l'y habitue ensuite peu à peu, et lorsqu'on s'aperçoit que les divers mouvements qu'on répète autour de lui ne lui font plus d'impression, on emporte la lumière, après la lui avoir montrée pendant une ou deux heures.

Les quatorzième et quinzième jours sont consacrés aux mêmes exercices en plein air, sur le gazon, et en augmentant progressivement les distances. On tient d'abord l'oiseau fort court et on le leurre de près ; on lâche la longe insensiblement, on la remplace par la filière, et on le leurre de plus loin, en sorte que le seizième jour le leurre soit présenté de cinquante à deux cents mètres. On ne manque pas, à chacun de ces exercices, de l'accoutumer au cri du leurre, dans tout son éclat, et tel qu'il l'entendra les jours de chasse.

Pendant toute la durée de ces exercices, la ration journalière diminue d'autant plus qu'on approche davantage du terme des quinze jours, pendant lesquels l'oiseau a reçu deux ou trois fois une cure d'ail et d'absinthe. Chaque soir, on le couche à la lumière et on cherche à le fortifier dans l'habitude des objets qu'il doit voir et des mouvements qu'il voit faire.

Pendant les deux jours qui suivent cette laborieuse quinzaine, on acharne le Gerfaut sur une Poule. Le premier jour, on ne lui ôte le chaperon que lorsqu'on le voit acharné. Le second, on

commence par le découvrir ; la Poule lui est montrée à cinq ou
six pas, en l'avertissant par le cri du leurre. Pendant les exercices, la Poule reste complétement à la disposition du Faucon, e
il s'en repaît avec grand plaisir. Il ne faut pas manquer de pro
fiter de ce moment pour affecter de se mouvoir autour de lui, d
parler, de crier, afin de l'habituer du plus en plus au bruit et :
l'agitation.

Le jour suivant on le tient ferme, pour le mieux disposer ;
l'épreuve décisive du lendemain, et qui consiste à le leurrer ;
grande distance, de cent à quatre cents mètres, sans filière.

Les différents exercices dont nous venons de parler formen
la première partie de l'éducation du Gerfaut ; le but qu'on se
proposait était d'obtenir la docilité de l'élève en l'abaissant, de
l'habituer à recevoir sa nourriture au lieu de la chercher lui-
même, et de le façonner au bruit et à l'intervention du fauconnier. Il faut maintenant aborder la partie sérieuse de l'affaitage et lui faire poursuivre une proie qui cherche à s'échapper et
qu'il doit atteindre et saisir. Ces derniers exercices demandent
un temps plus ou moins long, suivant les dispositions et le caractère de l'oiseau.

Le premier jour, on enferme dans une peau de Lièvre, préparée en forme de sac, un Poulet dont la tête peut sortir par une
ouverture pratiquée à la partie supérieure du sac ; cette peau est
déposée sur le sol, et représente plus ou moins bien un Lièvre au
repos. On donne à ce leurre le nom de traîneau. L'élève est déchaperonné à quelques pas de la peau, le Poulet ayant la tête
hors du sac ; le Gerfaut se dirige sur ce leurre, aussitôt le Poulet
rentre sa tête et cherche à se cacher ; mais les mouvements qu'il
imprime au sac et ses cris animent le Gerfaut, qui s'acharne sur
la peau. On l'excite en lui présentant sur le poil du Lièvre quelques beccades ensanglantées, puis on le relève et on le chaperonne. Après une pause de quelques minutes, on répète le même

exercice à des distances plus grandes de plusieurs pas et en faisant faire, à l'aide d'une longue filière, quelques mouvements au traîneau qui, jusque-là, avait été présenté immobile.

Dix jours sont consacrés au même exercice, en augmentant les distances et en précipitant les mouvements du traîneau. Un aide qui le tirait d'abord fort doucement, le tire un peu plus vite, puis rapidement en courant à toutes jambes, puis enfin il l'entraîne au galop d'un cheval. Il est important que l'homme et le cheval qui servent à l'exercice soient à une grande longueur de filière du traîneau, afin de ne pas détourner la vue de l'oiseau de l'objet qu'il doit saisir. Dans les premiers jours de cet exercice, on peut, pour mettre la peau en mouvement sans donner de distraction à l'oiseau, se servir d'une petite poulie montée verticalement sur un piquet qu'on fixe à cent pas en avant au plus du point de départ de l'oiseau; la filière est engagée sur la poulie, et l'aide qui la tire en sens opposé peut être placé derrière le fauconnier, qui lui donne des ordres à volonté.

Tant que le Gerfaut attaque la peau immobile, il n'a pas de fatigue, mais, quand il vole sur le leurre en mouvement, il semble étonné, il ne l'atteint d'abord que le bec ouvert et un peu haletant; mais un peu d'habitude le met bientôt en haleine, et la leçon se répète jusqu'à ce qu'il arrive sur le traîneau le bec serré et sans haleter.

Cet exercice sert, non-seulement à faire connaître le Lièvre au Gerfaut, mais à le fortifier par l'exercice même et à le mettre en haleine, ce qui est absolument indispensable, à quelque vol qu'on le destine. Il faut, chaque fois que l'oiseau lie bien le leurre, et s'y acharne vivement, piquer après la sonnette, pour arriver promptement à lui faire courtoisie, et lui donner quelques beccades chaudes sur les poils de la peau.

L'affaitage est presque terminé, si l'oiseau est destiné au vol du lièvre, il ne reste en effet que l'exercice sur des lièvres vivants, d'abord captifs et puis libres, pour clore la leçon. Mais si l'on se propose de lui faire voler le Héron, la Grue et le Milan, il reste encore quelques exercices particuliers en rapport avec les habitudes de ces espèces diverses.

Quand le Gerfaut est en haleine par l'exercice du traîneau, on lui fait connaître le gibier au vol duquel on le destine. On remplace le traîneau, par exemple, par une peau de Héron; on la lui jette à quelques pas et progressivement de plus loin en plus loin. On établit à la plus grande hauteur possible une corde qui passe d'un arbre à un autre, et au milieu de laquelle on attache une petite poulie montée. On obtient ainsi une filière verticale à l'aide de laquelle on enlève la peau de Héron, pour habituer l'élève à lier sa proie en l'air, et en mouvement ascendant ou descendant. Quand le Faucon a bien lié sa proie, il faut lui donner dans les plumes de la peau quelques beccades chaudes pour l'acharner. Cette leçon, comme toutes les autres, est toujours suivie par des exercices avec le vif captif et le vif libre. Quand on emploie le vif captif, on déchaperonne le Gerfaut au moment où le Héron s'enlève, on le jette quand le gibier est à hauteur voulue, d'abord faible, puis successivement plus grande. On sait que le Gerfaut qui a lié une fois sa proie à une élévation de dix mètres la lie bientôt à cinquante, puis à cent, enfin à quelque hauteur qu'elle monte, et l'affaitage est complet et ne demande que de la pratique.

AFFAITAGE DU SACRE.

L'éducation du Sacre demande un régime plus sévère encore que celui en usage pour les Gerfauts. Cet oiseau est plus fier, et il n'est possible de le réduire que par des privations et un jeûne poussé presque à l'excès. Lorsqu'un Sacre est suffisamment abaissé, on commence à le faire venir au poing et à lui faire la tête. Le régime d'abaissement continue néanmoins jusqu'au point où il semble ne plus pouvoir soutenir ses ailes. Alors commence une éducation dont la durée est d'environ quarante ou quarante-cinq jours.

Les exercices sont jusque-là les mêmes que pour les Gerfauts, et ils sont faits dans les mêmes conditions. Seulement, quand le Sacre commence à sauter au poing, à supporter la manœuvre du chaperon, et qu'il se montre docile, on le remonte, mais il ne faut le faire qu'autant qu'on est sûr de sa docilité. Du cinquième au vingtième jour, les exercices du leurre ont lieu en plein air, en augmentant progressivement les distances jusqu'à celle de cent à deux cents mètres.

Le vingtième jour, l'exercice se fait à vif, à petite distance, avec un Pigeon vivant captif et au piquet, c'est-à-dire attaché à deux ou trois pas de l'élève. Il ne faut pas s'inquiéter si le Sacre hésite à s'y acharner, comme s'il ne connaissait plus le vif; bientôt il se remet et s'élance sur le Pigeon.

Les jours suivants, selon le vol auquel on le destine, Lièvre, Buse ou Milan, les exercices se font avec le traîneau de peau ou avec une Poule d'un plumage brun ou roussâtre. Quand le Sacre lie bien sa proie captive, on met à la filière une Buse ou un Milan vivants auxquels on a émoussé le bec et les ongles, ou on le jette sur un Lièvre d'escape. Les derniers exercices consistent, si le Sacre doit voler le Lièvre, à faire lever un Lièvre par un Chien auquel on met des entraves, puis par deux Chiens, et on habitue ainsi l'oiseau à voler en même temps que les Chiens courent le Lièvre. S'il doit voler la Buse ou le Milan, on se sert d'un leurre fait avec les ailes de ces espèces d'oiseaux, et les exercices se font, comme pour les Gerfauts, à des hauteurs plus ou moins grandes. En définitive, on le jette sur Buse ou Milan libres quand il est suffisamment assuré.

AFFAITAGE DES FAUCONS. — FAUCON LANIER, FAUCON PÈLERIN.

L'éducation des Faucons est moins longue et moins laborieuse
que celle des Gerfauts et des Sacres; le régime est moins rigoureux, et la durée de l'affaitage ne dépasse guère un mois. Le
Faucon niais est même quelquefois dressé en quinze jours, puisqu'il est presque apprivoisé lorsqu'on le met à l'exercice. Le
Faucon sors demande, on le comprend, un peu plus de temps;
le Faucon hagard en exige aussi un peu plus que le précédent,
et le Faucon plus âgé est le plus réfractaire.

Il faut abaisser le Faucon et en même temps lui faire la tête.
Le vingtième jour on l'exerce à la petite escape, le Pigeon tenu
à la filière. Le vingt-troisième jour, suivant le vol auquel on le
destine, on lui donne au piquet une petite Poule noire pour
représenter la Corneille, une Poule rousse comme leurre de Milan, une Poule grise comme leurre de Héron, et on lui laisse
prendre plaisir et manger une partie de sa victime. Le lendemain
on le tient très-ferme. Le vingt-cinquième jour on lui donne au
piquet une Corneille, un Milan ou un Héron, en ayant soin d'é-
mousser les ongles et le bec de ces oiseaux, ou de mettre l'étui
au bec du Héron. Les deux jours suivants on met ces oiseaux à
la filière, en augmentant les distances et les hauteurs, et le tren-
tième jour on les escape.

Quelques Faucons, naturellement actifs et courageux, se montrent franchement dès le commencement de l'escape du Héron,
et à la vue de cet oiseau ils s'animent et laissent paraître dans
leurs yeux et leurs mouvements les dispositions hostiles qui les
portent à le combattre sans hésitation. Les Faucons ne font pas
d'abord paraître un grand courage en vue d'un Milan, soit qu'ils
craignent cet oiseau avant d'avoir bien éprouvé leurs propres
ressources et essayé leurs forces, soit que l'antipathie réciproque

soit moins marquée. Généralement il ne faut pas perdre patience lorsque le Faucon semble paresseux ou lent à s'animer pendant les exercices. On a souvent remarqué que les plus tardifs deviennent par la suite plus ardents et plus assurés que ceux qui ont fait paraître d'abord une ardeur précoce. Il faut ne pas se rebuter dans le cours de l'éducation de ces oiseaux tardifs, mais leur donner plus de soins et multiplier ou continuer plus longtemps, à leur égard, les moyens d'excitation. Le Faucon qui se jette précipitamment sur toute espèce de volaille, dès qu'il est déchaperonné, est un pillard et un oiseau sans valeur. Car on doit craindre que, se livrant toujours à cette chasse sans noblesse, il préfère cette proie facile et commune au gibier qu'il doit voler.

AFFAITAGE DE L'ÉMERILLON.

L'Émerillon est le plus docile et le plus sociable des oiseaux employés pour le vol; il se familiarise en peu de jours, aussi son éducation est-elle courte et facile. Il n'est pas nécessaire de le chaperonner, ni de lui faire subir de longues privations pour le réduire ou le faire venir au poing; on ne lui met de chaperon que pour le transporter. Il suffit de l'abaisser un peu, de le faire venir au poing, en l'affriandant comme les autres oiseaux, d'abord à petite distance, et progressivement à de plus longues: il devient, en deux ou trois jours, si docile, qu'il semble pressé de voler au premier appel sur le gant qu'on lui tend. Les niais et les branchiers s'habituent facilement à la personne qui en prend soin; les Émerillons sors et hagards n'exigent que quatre ou cinq jours d'abstinence pour être assouplis; les vieux mêmes ne résistent guère plus longtemps. L'éducation est donc à peu près la même pour tous, sauf quelques dispositions de détail qu'il est facile de comprendre quand on s'est bien pénétré des principes généraux d'affaitage.

10.

L'Émerillon est le plus commun de tous les Faucons; il est assez facile de se le procurer; sa petite taille ne le rend pas embarrassant, tout chasseur intelligent et doué d'un peu de patience peut le dresser et en faire un objet d'amusement; il n'occasionne aucune dépense; il vole avec ardeur et courage la Caille, le Râle, le Perdreau, le Pluvier, et surtout l'Alouette, aussi pensons-nous qu'il peut être agréable d'avoir à sa disposition un moyen de distraction nouvelle, à laquelle toute une société peut prendre part sans fatigue, presque sans dérangement, et comme but de promenade.

Voici comment on procède à l'éducation et à l'affaitage de l'Émerillon. L'Émerillon pris, niais ou branchier, sors, hagard ou vieux, est armé de grelots et de jets; il est placé immédiatement dans une chambre dont les fenêtres ne seront bouchées que par un grillage ou simplement par une toile ajustée sur un cadre. On disposera un bloc ou perche pour que l'oiseau ne reste pas sur le sol, mais on le laissera en pleine liberté. Un abreuvoir et un petit baquet contenant du sable et quatre ou cinq centimètres d'eau seront mis près de la perche.

Les niais et les branchiers sont familiarisés naturellement par les soins qu'on leur a donnés; nous ne parlerons donc que de l'oiseau qui a été pris après avoir joui pendant quelque temps de la liberté. Le lendemain de son entrée en chambre, premier jour de l'entraînement, on lui servira, le matin à sept heures, une ou deux beccades de viande quelconque, et on lui fera compagnie, pour l'habituer. Le soir, à cinq heures, on lui servira de nouveau une beccade en essayant de la lui faire prendre à la main, on ne lui en donnera une seconde, et toujours à la main, qu'autant qu'il aura pris la première avec un commencement de docilité.

Les mêmes dispositions seront prises pendant quelques jours, trois à six, suivant le caractère plus ou moins souple de l'élève,

et il aura été exercé pendant ce temps à venir sur le poing. Dès
qu'on aura obtenu de lui cette marque de soumission, on l'af-
friandera à petite et progressivement à plus grande distance, en
lieu clos d'abord, à l'air et à la filière ensuite. A partir de ce
moment, il faut renoncer au pàt continu de viande de boucherie
et lui donner souvent les petits oiseaux qu'il sera facile de se
procurer morts ou vifs. Les exercices du vol commencent à la
filière pour l'élève et l'oiseau d'escape; il est rare que dès le
premier essai l'élève ne lie pas immédiatement le gibier qui lui
est présenté, et après plusieurs exercices du même genre, il est
assuré, surtout si le maître a su être doux, patient, soigneux,
plein d'attention pour son élève, et qu'il ait mis l'intelligence
indispensable pour bien tenir compte de son caractère.

Avec toutes ses qualités, l'Émerillon a ce que le chasseur appelle un défaut, il veut chasser pour lui et jouir de son droit.
En effet, dès qu'il a lié une Alouette, il la prend dans le bec,
puis dans les serres, et il la charrie pour en faire curée. On le
corrige de ce défaut, dès les exercices à la filière d'abord, en
donnant un petit coup sec sur la filière de l'Alouette au moment
où l'oiseau la tient dans le bec. Dans ce cas, la victime laisse
quelquefois sa tête à l'Émerillon, qui en fait curée, ou bien elle
tombe sur le sol sous l'impulsion de la filière, et l'élève la suit;
elle est subtilement remplacée par le leurre acharné, et, pendant
que l'Émerillon s'occupe du leurre, le maître fixe promptement
l'Alouette à terre à l'aide d'une brochette en T. Le Faucon revient
sur sa proie avec acharnement, mais, ne pouvant plus l'enlever
ni la déplacer, il prend l'habitude de faire curée sur place.
Quand il volera pour bon, on lui retirera doucement, mais ha-
bilement l'Alouette, en présentant à l'oiseau le leurre acharné.
Après les exercices d'affaitage, et lorsque l'oiseau a fait preuve
d'une docilité qui ne faillira pas, il faut lui faire bonne gorge de
gibier.

AFFAITAGE DE L'AUTOUR.

L'Autour niais ne doit être enlevé de l'aire que lorsque ses plumes commencent à noircir et que les pennes de la queue sont à demi-longueur; plus ces oiseaux sont avancés, plus ils sont estimés. Il faut les tenir dans un local sec et chaud, les bien traiter et les nourrir de bonne viande, en ayant soin de ne leur laisser avaler de plumes ni de poils que lorsqu'ils sont assez forts pour dégager leur mulette. On les habituera facilement au poing en les tenant souvent.

L'Autour branchier est très-recherché, cependant il a déjà de la malice, et les premiers temps de son éducation exigent beaucoup de patience. Il faut, pour les familiariser plus facilement, les nourrir à la main, leur donner du vif, consistant en petits oiseaux préalablement plumés.

L'Autour passager ne doit pas être abaissé autant que les Faucons; il s'élève bien quand il n'a pas plus de deux ans, mais on lui préfère le niais et le branchier, qui, mieux familiarisés et n'ayant pas connu la liberté, suivent mieux leur maître.

Il n'y a pas d'oiseaux plus propres à prendre beaucoup de Perdrix, et pour faire cette chasse avec plus de succès, il faut leur donner en volant tout l'avantage possible. On prend deux Autours qu'on tient séparément aux deux ailes de la quête, à cinquante ou cent pas de celui qui la conduit, de manière à les avoir à portée des Perdrix qui partent. S'ils volent tous deux sur la même perdrix, il faut arriver promptement à la chute pour éviter une lutte souvent dangereuse.

On ne jette pas l'Autour comme le Faucon, il vole le plus souvent d'amont au-dessus du chien et du chasseur, ou se branche sur quelque arbre du voisinage pour attendre le départ du gibier. Il ne faut jamais perdre l'Autour de vue, car s'il empiète un

Perdreau et le mange à la dérobée, il recommencera à la première occasion et deviendra indocile. Il aime le tiroir et il faut le lui donner tous les matins et le jardiner au soleil au moins pendant une heure. En le rentrant, il mangera volontiers un ou deux petits morceaux de viande baignée dans de l'eau légèrement sucrée; cette friandise est recommandée pour lui permettre de se laver le bec et de nettoyer ses narines ; il est aussi nécessaire qu'il se baigne une fois par semaine, et il le fait avec grand plaisir. L'Autour qui commence à chasser a besoin de grands ménagements; il ne doit d'abord voler qu'un Perdreau par jour, et quand il en volera un second, ce ne sera qu'après un repos d'au moins une demi-heure. Supportant mal la forte chaleur et l'humidité, il chasse mieux en automne et en hiver qu'en été, et s'il rencontre de la rosée, il va se brancher au lieu de chasser.

Si la Perdrix chassée a pu se réfugier dans un buisson, il se met à son avantage pour la bloquer et attend que le chasseur vienne la relever. S'il l'a empiétée, il faut l'aborder doucement pour le secourir et lui prendre la Perdrix plus doucement encore. Dans le cas où l'Autour resterait branché et sourd au rappel, il faut avoir recours au tiroir ou à une Perdrix à la filière.

« A ceux qui tiennent des oyseaux, plustost pour fournir leur table que pour plaisir, tels oyseaux leur seront plus agréables que nuls des autres. Parquoy j'ay pensé de leur donner les instructions et addresses qu'ils doivent tenir lorsqu'ils recouvreront des Autours, soient niais, branchiers ou passagers, et ce pour les eslever, pour les dresser, pour les faire voler et pour les panser en leurs maladies. Il y sera dit aussi comme on les doit muer. Je vous diray bien encores que si les Autours avaient la créance et le courage des Faucons qu'il n'y aurait pas de meilleurs oyseaux, tant pour n'estre sujets d'aller au change ou de s'escarter que pour leur juste arrest. Ils sont bons oyseaux

soit en la plaine, soit aux coteaux et mesme jusque dans les fo-
rests, pourveu que le vent ne les destourne. La volerie des Autours est commode à trois qualités de personnes. Premièrement
à gens qui aiment l'espargne; car, faisant voler tels oyseaux, ils
les peuvent faire secourir par des valets à pied, et espargner par
ce moyen leurs Chevaux. Secondement, pource qu'ils peuvent
aller à leur aise à la chasse et à la remise sur le traquenart, ou
bien sur la mulle. Tiercement, à ceux qui ignorent l'art de fauconnerie; car avec peu de science ils feront voler ces oyseaux,
d'autant que ceste volerie consiste toute en ruses. Si vous voulez
tenir de tels oyseaux, il leur faut donner en volant tout l'advan-
tage qu'il se pourra; jusques à les tenir du costé auquel vous
jugerez que les Perdrix doivent passer, ce qui se fait aisément
en pays de coteaux. Qui voudra prendre grande quantité de Perdrix en plaine ou en coteaux, il le fera avec deux Autours ou
Tiercelets, en les tenant un à chasque bout des aisles de la queste,
à trois ou quatre cens pas loing de celuy qui la meine. Et, par
ce moyen, en quelque part que les Perdrix prennent retraicte,
elles trouveront un oyseau en teste sur la fin de leur force. Mais
aussi il se faudrait donner garde qu'ils ne fussent pillarts; car
si, par mal-heur, ils se rencontroient sur une Perdrix, ils se
pourroient tuer l'un l'autre, comme autrefois il est advenu. On
tient communement l'Autour à la cuisine, et plusieurs parlans
des oyseaux, ils le nomment Cuisinier : ce n'est pas qu'il prenne
plus de Perdrix qu'un Lanier ou un Sacre, mais pour la raison
susdite, ou bien c'est qu'aucuns qui veulent aller serrez donnent la charge de le traicter au cuisinier, qui fait trois offices,
de cuisinier, de chasseur et de pourvoyeur.. Raison qui les fait
tenir à la cuisine : c'est pour les assurer au bruit des gens et de
Chiens. D'Arcussia.

AFFAITAGE DE L'ÉPERVIER.

L'éducation de l'Épervier est plus difficile que celle de l'Autour, et cet oiseau présente des différences individuelles de caractère plus grandes que celles observées chez tous les autres oiseaux employés au vol. Aussi tel de ces oiseaux sera soumis en six ou huit jours, et la soumission de tel autre ne sera obtenue qu'après douze ou vingt jours de jeûne et d'épreuves.

Avant de faire voler l'Épervier pour bon, il est important de lui faire répéter ses leçons dans un verger et de ne le croire assuré que lorsque, réclamé, il cherchera de lui-même son maître, qui affectera de se cacher. L'Épervier est généralement un oiseau courageux et de bon travail ; mais on sait par expérience qu'il faut presque continuellement le tenir en haleine ; l'inaction laisse prendre le dessus à sa fierté et à son indocilité, il a besoin d'être entretenu et comme vol et comme familiarité.

SOINS GÉNÉRAUX.

Les livres de fauconnerie sont remplis de recettes plus ou moins fantastiques pour guérir les maladies des oiseaux. En réalité, ces maladies sont peu nombreuses, presque toujours les mêmes, et dépendent des mêmes causes, la *captivité*. La vraie science du fauconnier médecin consiste à bien traiter ses oiseaux, à les bien nourrir et à ne les pas fatiguer au delà de leurs forces. Il est difficile d'obtenir la guérison de la plupart des maladies des oiseaux ; le meilleur remède consiste, dans la grande majorité des cas, à les placer dans des conditions qui ressemblent à la liberté et à leur donner du vif de leur goût. Tous les autres moyens sont sans valeur, aussi n'en parlerons-nous pas.

La qualité de la nourriture, sa distribution intelligente, des

soins hygiéniques bien entendus entretiendront parfaitement la
santé des oiseaux. Il faut au moins une fois par semaine ne donner qu'une petite quantité de nourriture aux oiseaux de vol. Ce
quart de ration correspondra au jeûne auquel ils sont accidentellement soumis à l'état sauvage, car leur chasse est parfois
improductive et leur régime très-irrégulier. On leur donnera
aussi quelquefois du vif poil ou plume pour qu'ils puissent rendre
naturellement leur pelote, comme ils le font lorsqu'ils sont en
liberté.

Il y a, chaque année, une époque à laquelle les oiseaux sont
souffrants, c'est celle de la mue; il convient alors de leur donner
une grande liberté, de leur ôter les entraves, le chaperon et de
les laisser voler librement dans la fauconnerie, qui sera garnie
de plusieurs blocs sur lesquels ils se poseront à l'aise. Leur nourriture sera plus abondante et plus soignée; ils pourront, comme
toujours mais surtout pendant la mue, se baigner à leur conve-
nance, et on les laissera dans le repos le plus absolu.

Les oiseaux de travail, surtout les grandes espèces, ne peuvent
être employés tous les jours. On leur donne bonne gorge après la
chasse, demi-gorge le lendemain, pour chasser le surlendemain.

Quelques accidents surviennent aux oiseaux pendant le vol ou
même à la fauconnerie; une aile, une cuisse, une patte cassées;
un coup, la perte de plumes, etc.; le degré de gravité de l'accident indiquera le parti à prendre, mais le plus souvent il faut
renoncer à l'oiseau, ou le soigner sans espoir de l'utiliser et par
reconnaissance des services qu'il a pu rendre.

On donnait à chaque oiseau un nom particulier; ce nom était
inscrit sur le bloc, comme le sont ceux des chevaux dans les
grandes écuries, et cet usage s'est conservé dans les rares fauconneries d'aujourd'hui. Nous citerons quelques-uns de ces
noms : Sultan, César, Marquis, Baron, Gentilhomme, Bijou,
Rapide, le Corse, l'Africain, Zoé, la Perle, Coquette, Fidèle, etc.

OBSERVATIONS

SUR LE VOL DES OISEAUX

———

Georges Cuvier, préoccupé avec juste raison de la valeur relative des types zoologiques par rapport à leurs aptitudes, avait placé les Faucons à la tête des rapaces nobles. Ce sont, en effet, parmi les oiseaux de proie diurnes, les meilleurs voiliers et les plus courageux. Il leur faut une proie vivante qu'ils saisissent au vol. Ils suivent, pendant leurs migrations, les bandes de certains oiseaux voyageurs au milieu desquels ils choisissent chaque jour leurs victimes, se mettant ainsi à leur poursuite et les accompagnant comme plusieurs cétacés et certains gros poissons accompagnent les bandes de harengs.

Le vol des Faucons est soutenu, rapide, et se plie à toutes les exigences des diverses circonstances dans lesquelles ils se trouvent. Ainsi, le plus souvent, ils planent longtemps et décrivent des cercles du haut des airs au-dessus de la victime objet de leur convoitise; ils la forcent à s'abaisser graduellement, rétrécissant insensiblement le cercle de leurs spirales jusqu'à ce que l'ani-

11

mal, étourdi et fasciné, se réfugie timidement vers la terre ou
se blottisse. Ils s'abattent alors comme un trait sur lui et l'en-
lèvent.

Ce n'est cependant pas toujours ainsi que chassent tous les
Faucons à l'état sauvage. M. le comte de Riocourt a communiqué au naturaliste Sonnini les observations suivantes, que nous
reproduisons textuellement : « Les Faucons arrivent dans les
plaines de la Champagne vers la fin d'août. Ils chassent seuls ou
quelquefois deux ensemble. Le Faucon se tient sur une motte
de terre ou sur une branche basse, d'où il part avec la rapidité
de l'éclair dès qu'il aperçoit une compagnie de Perdrix à quelque distance que ce soit. Il la suit ou la croise, l'atteint, et, en
la traversant, tâche d'en saisir une avec ses serres; s'il ne réussit
pas de cette manière, il lui donne, en passant, un coup si violent avec sa poitrine, qu'il l'étourdit, s'il ne la tue. Il revient
alors sur elle, et son agilité est telle qu'il l'enlève souvent avant
qu'elle soit à terre. Alors il la dévore sur la place même ou il la
porte derrière un buisson. Le Faucon ne suit pas à pied les Perdrix, comme font la Soubuse et l'Autour, et ne se jette pas non
plus d'aplomb sur elles; c'est en passant et repassant au-dessus
d'elles qu'il cherche à les faire lever. Il vole bas lorsqu'il chasse
en rasant la terre un peu au-dessus de sa proie, et fait alors un
bruit semblable au sifflement d'une balle. Il fait sa pâture de
tous les oiseaux, Alouettes, Grives, Pigeons, Canards; ceux-ci
plongent aussitôt qu'ils l'aperçoivent; les Perdrix se jettent à
terre et se cachent dans les buissons, d'où il est difficile de les
faire sortir. C'est presque toujours dans le même endroit que le
Faucon passe la nuit. Il s'y rend peu de temps après le coucher
du soleil et se blottit sur une grosse branche d'arbre, près du
tronc. Son sommeil n'est pas aussi profond que celui de la buse;
aussi l'approche-t-on plus difficilement. Le moyen le plus sûr
pour le tuer, quand on a découvert l'arbre sur lequel il couche,

est de se rendre sur les lieux une demi-heure avant le lever ou
le coucher du soleil et de le tirer au départ ou à l'arrivée. Il
quitte les plaines de la Champagne vers la fin de février, et il ne
revient qu'après la récolte des céréales. »

Nous croyons devoir extraire d'un livre rare aujourd'hui et
fort intéressant, quelques observations sur le vol des oiseaux.
Ce livre a été publié à Genève en 1784, par Huber, alors que la
fauconnerie était encore en vigueur.

Dans une sorte d'avis au lecteur, Huber dit que pour se faire
une idée nette et précise du vol des oiseaux de proie, qui sont,
de tous les oiseaux, ceux que la nature a le plus favorisés à l'é-
gard du vol, il faut considérer leurs allures diverses d'une
manière propre à simplifier ces tours et détours capables d'éga-
rer tout spectateur qu'on n'aurait pas averti de l'essentiel. Cette
manière ne peut être qu'abstraite et pourrait par là déplaire à
beaucoup de gens, si on ne les rassurait en leur disant d'avance
que le ton méthodique ne durera qu'autant qu'il sera indispensable à la précision et à la clarté de l'exposition. Il établira des
divisions, sans prétendre par là fixer des limites à l'infini, c'est-
à-dire à la nature, qui, plus elle est observée, moins elle présente de limites absolues. Il prie donc de considérer ces limites
comme aussi idéales, mais aussi nécessaires à l'observateur que
le sont au dessinateur ces lignes d'attente qu'il trace sur ses
figures pour asseoir son coup d'œil et bien assurer son ensemble,
et qu'il efface quand il a fini son ouvrage. Tout s'effacera de
même dans l'ouvrage quand il sera parvenu à son terme, sauf
ce que la nature a fixé elle-même de la manière la plus décidée.
Telle est la division toute naturelle de l'ordre des oiseaux de proie
en deux sections bien déterminées. Cette division existe dans la
configuration des ailes, dont on verra deux types parfaitement
distincts et les seuls qu'on ait pu apercevoir dans tout cet ordre
d'oiseaux.

Huber exprime le vol de ces oiseaux par des lignes qu'il ne donne pas comme absolument rigoureuses, mais qui signifient cependant assez, dit-il, pour que l'on soit certain que moins les oiseaux s'en écartent, mieux ils remplissent l'objet de leur destination.

Nous reproduisons le texte d'Huber avec quelques additions intéressantes, mais nous avons cru devoir négliger ses divisions par chapitres et supprimer quelques détails inutiles.

L'auteur établit deux sections d'oiseaux de proie : les rameurs et les voiliers. La nature elle-même, dit-il, a établi cette division. Deux ailes totalement différentes sont les deux types que présentent les oiseaux de proie. Les passages d'une forme à l'autre ne se trouvent que dans les autres ordres, et ils varient à l'infini.

Si l'on osait indiquer une cause finale à cette disposition, l'on en proposerait une qui n'est peut-être pas indigne de l'esprit de la nature. Chez les oiseaux de proie, les moyens limités par la conformation paraissent déterminer avec simplicité les défenses des oiseaux qui sont en but à leurs entreprises. A la vue d'un oiseau de proie de l'une ou de l'autre section, les espèces timides sont décidées à s'élever ou à rester à terre; ce qui n'arriverait pas, c'est-à-dire qu'elles resteraient indécises, s'il y avait des nuances entre les moyens des oiseaux de proie; car la vigilance perpétuelle qu'exigeraient les distinctions à faire à chaque apparition d'un rapace absorberait le temps nécessaire aux besoins et aux convenances des espèces timides. D'un autre côté, les espèces timides, dont les moyens de défense sont variés autant que leur conformation, obligent leurs ennemis à varier et multiplier leurs mesures; ce qui est peut-être une compensation suffisante pour entretenir l'équilibre entre la destruction et la trop grande multiplication des espèces.

Quoi qu'il en soit de cette conjecture, voici les faits. L'aile désignée sous le nom d'aile rameuse (fig. 26) présente une forme découpée et propre à frapper l'air avec force et fréquence. L'aile voilière (fig. 27) présente une forme large et émoussée, impropre

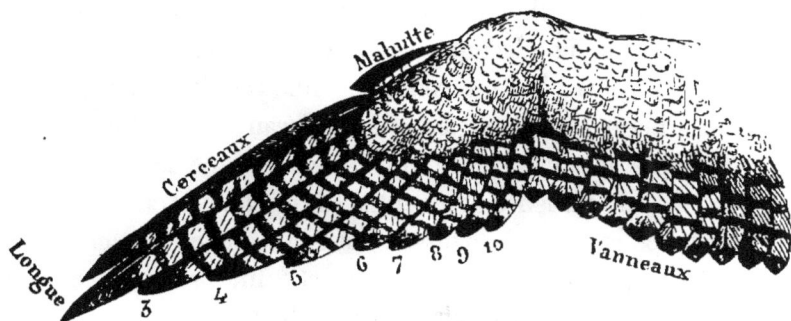

Fig 26. — Aile rameuse de Faucon.

à frapper l'air comme la précédente, mais propre, en raison de sa surface, à remplir l'office d'une voile. Les battements dont

Fig. 27. — Aile voilière de Milan.

elle est capable imitent, mais trop faiblement, les battements de la première pour qu'on lui attribue d'autre faculté que celle· d'agir comme voile.

11.

L'effet de l'aile rameuse est de vaincre la résistance du fluide élastique sur lequel elle agit. L'air, élastique dans le plus grand calme, devient plus élastique dans un sens quand le vent le chasse, et moins élastique dans un autre sens. L'aile rameuse frappant contre le vent rencontre une résistance qui élève l'oiseau à mesure qu'il avance; mais l'oiseau avance et par son poids spécifique et par la faculté qu'a une aile aiguë de couper le vent. Quand l'aile rameuse agit vent arrière, elle ne rencontre aucune résistance capable de hausser l'oiseau ; elle en rencontre même beaucoup moins que lorsque l'air est calme; son effet, en ce cas, est de soutenir l'oiseau dans la direction horizontale et de favoriser sa diligence, soit par ses propres forces, soit par le secours du vent, qui agit sur elle selon que l'individu sait la disposer. Il y a cette différence entre la rame volante et la rame navigatrice, que l'une frappe droit sous elle et l'autre de l'avant à l'arrière.

Pour faire comprendre comment il se peut qu'en frappant droit à plomb ou verticalement sous elle-même, l'aile rameuse porte l'oiseau en avant, il faut observer que le dessous de l'aile forme une voûte dont la partie la plus inclinée prend de l'avant de l'aile à la naissance des pennes et vanneaux. Si peu sensible que soit cette voûte quand l'aile est immobile, elle apparaît lorsque l'aile frappe l'air avec force. Alors la partie solide qui forme le bord antérieur de l'aile coupe l'air pendant que le reste cède en raison de la force du coup, et ce peu de surface inclinée chassant l'air en arrière plus qu'en dessous est cause de la progression, qui n'aurait pas lieu si l'aile était parfaitement plate et également ferme sur toute sa surface. Les papillons, en effet, volent en culbutant ou par saccades, parce que leurs ailes sont plates.

Toutes les parties de l'aile concourent à la progression, et les pennes élastiques cédant et se remettant aussitôt, portent nécessairement en avant le corps qu'elles accompagnent. Le ressort de l'aile réagissant avec plus de force encore, double les moyens de projection ; car, cédant avec résistance pendant le fort du coup qui le frappe, il agit à son tour pendant les intervalles des battements avec la force d'un ressort qui se détend après avoir été forcé en sens contraire.

« Il résulte de la disposition des rémiges des Faucons, dit G. Cuvier, des habitudes particulières. La longueur des pennes de leurs ailes en affaiblit l'effort vertical, et rend leur vol, dans un air tranquille, très-oblique en avant, ce qui les contraint, quand ils veulent s'élever directement, de voler contre le vent. »

Par les mêmes raisons, l'aile voilière forme aussi la voûte qui est nécessaire à la projection ; mais cette projection est ralentie, parce que les battements sont moins forts, moins fréquents, et les pennes plus molles. Elle ne peut même projeter l'oiseau horizontalement que vent arrière. « Les ailes sont le gouvernail des oiseaux ; pour tourner à droite, l'aile gauche bat avec force, la droite se meut d'autant moins que le tour est plus court et plus entier ; elle reste presque immobile quand l'oiseau tourne sur lui-même. Quand l'oiseau plane, il tourne sans faire aucun mouvement sensible des ailes ; dans ce cas, c'est en baissant un peu l'aile sur laquelle il tourne, et en levant proportionnellement l'autre, qu'il décrit des cercles et des spirales à circonvolutions plus ou moins distantes. »

En examinant les deux types d'ailes figurées page 125, on remarquera que les pennes de l'aile rameuse sont médiocrement larges dans leur partie moyenne, qu'elles ne sont point échancrées, et qu'elles se terminent en pointe adoucie ; tandis que les pennes de l'aile voilière sont très-larges dans leur milieu, que les cinq principales sont fortement échancrées, et se rétrécissent subitement à partir de l'échancrure. La disposition de l'aile rarameuse permet de couper l'air en le comprimant avec force ; les pointes des pennes ne laissent de vides entre elles qu'à leurs extrémités, et l'air est comprimé dans toute l'étendue de l'aile. La disposition de l'aile voilière, au contraire, laisse passer l'air librement dès l'échancrure par les intervalles qui existent entre les cinq pointes longues et effilées. Enfin les pennes de l'aile rameuse sont en général plus fermes que celles de l'aile voilière. Ces deux sortes d'ailes présentent naturellement, dans les deux sections, des degrés qui s'éloignent plus ou moins du type principal.

Un signe visible de la fermeté des pennes chez les oiseaux de proie se trouve dans les taches ou la bigarrure vive et tranchée qui règne d'un bout à l'autre de chaque penne. Les pennes molles, au contraire, sont comme lavées uniformément de noir, de l'échancrure à la pointe, et d'un blanc presque uniforme dans le reste de leur surface.

L'auteur, comme il le dit lui-même, ne s'est proposé de parler que de ce qui influe le plus sensiblement sur le vol des oiseaux de proie; et la disposition des ailes suffit pour expliquer les différences que présente leur vol.

Les oiseaux rameurs ont constamment les yeux noirs et les becs dentelés vers la pointe, tandis que les voiliers ont les yeux clairs et les becs sans dentelures. Quant aux mains, serres et griffes des oiseaux de proie, elles présentent des nuances qui empêchent de généraliser, comme on le peut faire à l'égard des ailes, des yeux et des becs. En général, les oiseaux rameurs ont les doigts longs et déliés, et leurs pouces sont aussi allongés et déliés que le plus court des doigts. Les voiliers ont les doigts plus courts, moins déliés, et les pouces sont plus courts et plus renfoncés que le plus court des autres doigts. Mais, comme il se trouve dans les deux sections des degrés de noblesse, il y a beaucoup de distinctions à faire par rapport à la longueur des doigts. Les oiseaux les plus nobles ont les doigts les plus longs. Tous les ignobles ont les doigts courts et gros. Tout est noble dans la nature, excepté ce qui s'en écarte (ce qui est monstrueux). Ainsi

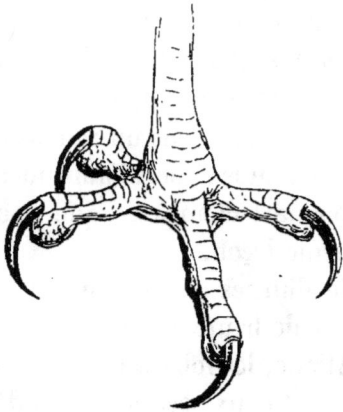

Fig. 28. — Griffe d'Ignoble.

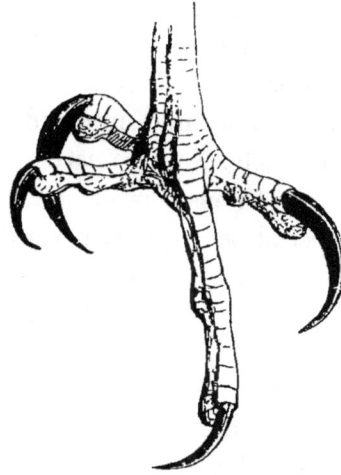

Fig. 29. — Serre comprimante de l'Autour.

les mots noble ou ignoble sont relatifs aux fantaisies ou aux convenances des personnes qui les emploient; celles qui, par exemple, désireraient par-dessus toute chose la destruction des reptiles, des Souris, etc., trouveraient la Buse et la Chouette plus nobles que le Faucon.

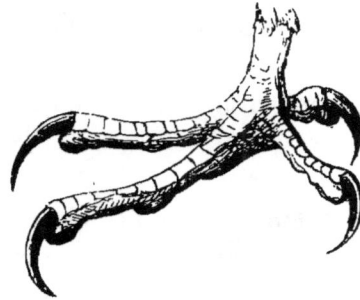

Fig. 30. — Main liante du Faucon.

On sera fort surpris qu'il ne soit pas question ici des queues des oiseaux de proie. Plusieurs raisons ont empêché d'en faire mention dans cet exposé : 1° la queue varie avec les espèces, et il faudrait établir trop de distinctions; 2° on a observé que la queue ne sert pas, comme on l'a cru sur la parole de quelques anciens, de gouvernail à l'oiseau pour se tourner de côté ou d'autre, mais seulement de secours pour monter et descendre. En effet, les oiseaux, privés accidentellement de leur queue, exécutent néanmoins tous les mouvements pour lesquels on avait cru la queue nécessaire; on croit donc pouvoir la regarder plutôt comme une surabondance de moyens que comme d'absolue nécessité. Nous ne partageons pas complétement l'opinion d'Huber, et nous pensons que la queue des oiseaux joue un rôle assez spécial pour que la perte de cet organe nuise considérablement au vol des oiseaux, et nous renvoyons le lecteur à ce que nous avons dit à ce sujet dans notre neuvième leçon.

Huber divise les oiseaux de proie diurnes en rameurs et en voiliers : les premiers sont les oiseaux de haute volerie, tels que le Gerfaut, le Sacre, le Faucon, l'Alèthe, le Hobereau et l'Émerillon. Les seconds, ou voiliers, forment deux sections, qu'il désigne sous les noms de voiliers saillants et de voiliers communs. Les voiliers saillants sont les oiseaux de basse volerie; tels sont : l'Autour et l'Épervier. Les voiliers communs ne sont pas employés par les fauconniers, si ce n'est l'Aigle, dit-on, et sont dits ignobles. Cette section comprend donc : les Aigles, les Vautours, les Orfraies, les Balbuzards, les Milans, les Buses, les Harpyes, etc.

Du vol. — Les oiseaux rameurs pèsent plus dans l'air que les oiseaux voiliers, spécifiquement et relativement à la dimension des ailes. Aussi les rameurs sont-ils les seuls qui puissent voler en s'élevant de droit fil contre le vent; c'est à ce point d'appui dans l'espace ou à cette sorte de lest qu'ils doivent la faculté de ramer avec fermeté et fréquence. C'est aussi à leur poids qu'ils doivent leur vitesse; mais il y a certaines conditions qui modèrent leurs avantages sur les oiseaux voiliers. La légèreté spécifique ou relative aux dimensions donne aux voiliers la faculté de se hausser avec une aisance supérieure; ils peuvent,

en ne faisant que se prêter au vent, s'élever aux plus grandes
hauteurs sans autre travail que le soin de disposer leurs voiles
selon le besoin ; mais ils ne peuvent ni voler de droit fil en se
haussant contre le vent, ni fendre les airs avec une vitesse com-
parable à celle des rameurs.

Vol des rameurs. — Si le point auquel un rameur veut
parvenir dans les airs se trouve à son zénith, le rameur est obligé
de prendre sa route dans le vent et de la suivre jusqu'à ce qu'il
soit au niveau du point désiré (fig. 51). Alors seulement il devra

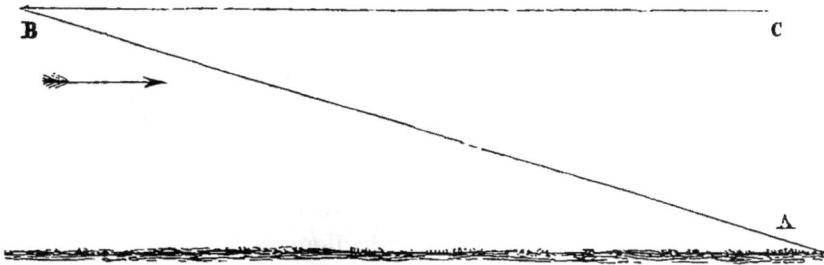

Fig. 51. — A B Carrière. — B C Degré que l'oiseau parcourt vent arrière et d'une vitesse au
moins triple de la carrière. — C Point donné au zénith du point A, la flèche indique la
direction du vent.

tourner queue et viser en droiture au but. Ce n'est pas qu'à de
très-petites distances les rameurs ne puissent se hausser vent arrière ; mais c'est au prix d'un tel effort, qu'il leur serait impossible d'y tenir longtemps. Aussi, plus l'espace à parcourir est
étendu, moins les oiseaux s'écartent de la règle, et l'on y voit
bien vite rentrer ceux qui s'en étaient écartés d'abord, dès que
l'entreprise est de plus longue haleine qu'ils ne l'avaient supposé
au départ.

Si, au lieu d'être au zénith, le but se trouve être au-dessus
du vent du zénith, assez pour que la montée ne soit pas trop ra-

pide, ce but supposé fixe, comme serait le sommet d'un roc, le
rameur parviendra en droiture à ce point (fig. 32).

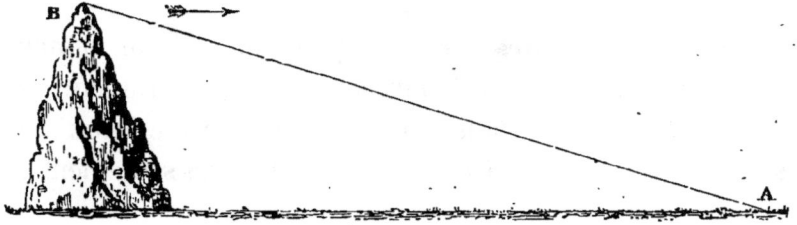

Fig. 32. — A B Carrière du Rameur. — B Point fixe supposé le sommet d'un solide.

Si le but n'est pas fixe, si, par exemple, le rameur entreprend
d'atteindre un voilier ; comme le voilier fait sa diligence vent
arrière, s'il n'est déjà sous le vent du zénith, mais pouvant y
être en peu temps, le rameur poussera sa carrière dans le vent
jusqu'à ce qu'il ait atteint non-seulement le niveau du voilier,
mais qu'il se soit même élevé au-dessus de ce niveau. Son instinct le guide et lui apprend que la vitesse en descendant, si
peu sensiblement que ce soit, vent arrière, lui fera regagner et
au delà le temps employé à monter dans un sens du vent pendant que la proie s'éloigne dans le sens contraire (fig. 33).
Huber estime la vitesse du vol horizontal du rameur, vent arrière, triple de celle que cet oiseau emploie à distance égale en
faisant sa carrière dans le vent. Si la ligne à parcourir vent arrière est tant soit peu inclinée, la vitesse est double de celle de
la ligne horizontale. On pourrait ainsi graduer les vitesses depuis celle de la ligne horizontale jusqu'à celle de la descente verticale. Cette dernière, nommée avec raison foudroyante, exige
environ cent fois moins de temps que la carrière poussée jusqu'à la hauteur d'où elle part. Ainsi, si la carrière ascendante,

ou espace parcouru en montant dans le vent, a demandé cent
secondes, la descente verticale n'en exige qu'une.

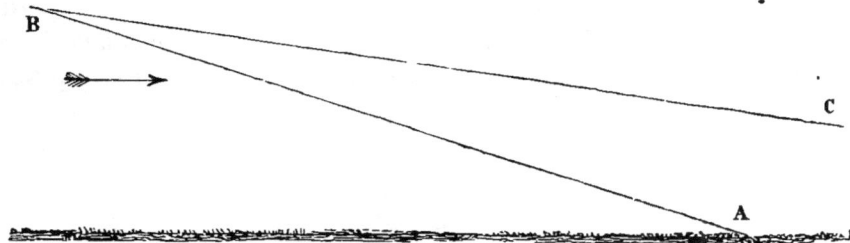

Fig. 33. — C Point donné mobile, soit la proie s'éloignant toujours plus du zénith sous le
vent. — B Terme de la carrière du rameur plus élevée que le niveau actuel de la proie.
— B C Descente peu rapide, mais dont la vitesse est au moins double de celle du vol
horizontal à vau le vent.

La carrière est plus ou moins oblique, mais elle n'excède guère
l'inclinaison de 45°, et ce n'est même que pour une entreprise
de très-courte haleine qu'un rameur la fait à cet angle. Plus
elle doit être étendue, plus le rameur en modère la pente. Ainsi
l'angle de 30° est généralement celui des entreprises de longue
haleine. Encore faut-il que, par un calme parfait en apparence,
le mouvement de l'air soit passablement fort, et que l'oiseau soit
solide des reins et de longue haleine. La carrière ordinaire sera
de 15 à 20° au plus. L'on a dit en parlant du calme, *parfait en
apparence*, parce que, si parfait qu'il nous paraisse, les oiseaux
y distinguent une direction de l'air qui échappe à nos sens et
qu'ils nous font reconnaître par le parti qu'ils prennent de voler
dans un sens plutôt que dans un autre. On serait bien plus con-
vaincu de cette vérité si on lâchait dans le même instant plusieurs
oiseaux rameurs; fussent-ils au nombre de mille, tous prendraient
la même direction.

On appelle degré l'espèce de repos, sous le vent, que prend le
rameur avant de commencer une autre carrière. Pour se repo-

ser, l'oiseau vole horizontalement, le vent en queue, pendant un temps plus ou moins long, selon les circonstances, et, selon l'exigence du cas, il recommence une autre carrière. Ainsi, de carrière en degré et de degré en carrière, le rameur s'élève à des hauteurs où les meilleures lunettes ne peuvent le suivre (fig. 54).

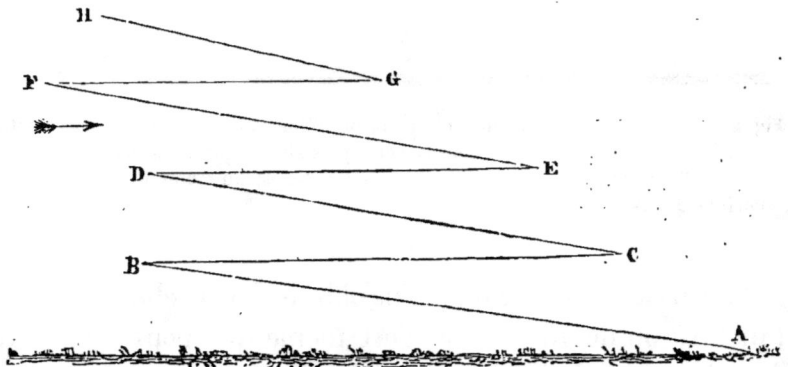

Fig. 54. — A B Carrière. — B C Degré. — C D Carrière. — D E Degré. — E F Carrière. — F G Degré. — G H Carrière.

On a déjà dit que le rameur pourrait, en faisant un effort considérable, monter ayant le vent arrière, mais que, ne pouvant soutenir longtemps un tel effort, il n'essaye de déroger à la règle que lorsqu'il s'agit d'une surprise à bout touchant; à part cette espèce de saut, il rentre dans la règle et s'en écarte d'autant moins que l'entreprise est de plus longue haleine. Il est des rameurs qui font toute l'expédition d'une seule carrière; ceux-là sont les plus avisés, par les raisons qu'on exposera plus tard.

Vol des voiliers. — Quand un voilier doit atteindre un point fixe au-dessus du vent, le vent lui est contraire, parce qu'il n'a pas les moyens du rameur pour le parer de droit fil en montant.. Aussi, au lieu de parcourir en ligne droite, comme le fait le ra-

meur (fig. 34), l'espace qui le sépare du but, il y arrive par
bordées. (Fig. 35.) Sa légèreté spécifique et relative le rend in-
habile à forcer le vent. Ses voiles déployées, le vent le pousse en

Fig. 35. — B Point fixe. — A B Route par bordées.

arrière tout en le haussant et l'éloignerait toujours plus du but
s'il ne fermait les ailes pour donner tête baissée dans le vent,

Fig. 35. — C Degré de hauteur auquel se porte le voilier avec aisance et sans trop dériver
si le temps est calme. — C B Plongée au point donné.

dans lequel ce qu'il a de poids spécifique suffit pour le faire pé-
nétrer en plongeant. En alternant ainsi l'expansion et le resser-

rement de ses voiles, il parvient au but, mais plus lentement
que n'a fait le rameur, qui a suivi la route la plus courte. Le
voilier a un autre parti à prendre et qui revient à peu près au
même : c'est de se laisser aller au vent, qui, en le faisant dériver, le hausse à tel point qu'il n'ait plus qu'à plonger pour atteindre en droiture le point donné (fig. 36). On est parvenu
par artifice à faire entreprendre certains oiseaux de proie voiliers par des oiseaux de proie rameurs, et c'est ainsi qu'on a pù
comparer les facultés des uns et des autres.

PREMIÈRES DISPOSITIONS D'UNE ENTREPRISE D'UN OISEAU DE PROIE RAMEUR SUR UN OISEAU DE PROIE VOILIER.

Pendant que l'oiseau de proie voilier, aidé par le vent, se
hausse avec aisance, le rameur parcourt avec effort et de droit
fil des carrières dans le vent. Ces carrières haussent l'oiseau
beaucoup plus qu'en sens oblique, et ce n'est que lorsqu'il n'a

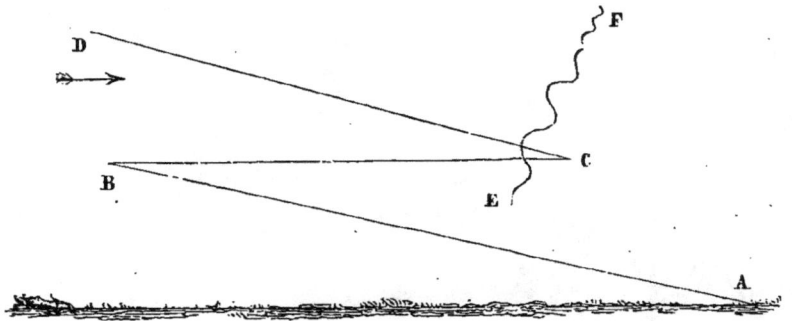

Fig. 57. — E Premier temps du voilier. — F Second temps. — A B Carrière mesurée sur le
premier temps. — C D Carrière mesurée sur le second temps.

pas le choix qu'un rameur fait sa carrière à mi-vent, quart de

vent, etc., etc., et s'éloigne du voilier, qui, de son côté, détale
à vau le vent. Le temps que le rameur paraît perdre en s'éloignant ainsi de son objet est racheté avec usure par la vitesse avec
laquelle il parcourt l'espace dès qu'il n'a plus à faire qu'à se lâcher au vent. Cependant, si le voilier s'avise de se hausser à mesure qu'il voit le rameur monter au-dessous de lui, les forces et
l'haleine du rameur pourraient ne pas suffire à mettre l'entreprise à bonne fin (fig. 37). Si l'on pouvait s'étendre ici sur le
moral comme sur le physique, on donnerait des exemples de
tous les expédients qu'emploient les rameurs en pareilles occasions. On se contentera de faire voir comment un rameur, de-
venu routé par l'expérience, sait prévenir ces sortes d'incidents.
En attendant, on expliquera ce que c'est que l'avantage nécessaire dans toute entreprise d'un oiseau de proie sur quel genre
d'oiseaux que ce soit. Il consiste : 1° à gagner le dessus du vent;
2° la hauteur.

Dans le cas d'une entreprise d'un rameur sur un voilier, la
première condition est aisément remplie, puisque le voilier, en
détalant comme il le fait à vau le vent, donne le dessus du vent
à son ennemi. Mais la seconde condition, la hauteur, fait la
grande difficulté. Car le voilier n'est obligé à aucun travail pour
se hausser, tandis que le rameur fait les plus grands frais en
haleine et en forces. Le rameur peut être mis à bout de forces
par le voilier qui le voit venir, si ce dernier, en se haussant, oblige
le rameur à monter par carrières multipliées. Le rameur, mieux
routé par expérience, au lieu de monter par carrières successives
au-dessous du voilier, va d'une seule carrière chercher au plus haut
des airs une telle surabondance de hauteur, qu'il commande, pour
ainsi dire, toute la sphère des incidents possibles, et, dans ce cas,
le voilier, rassuré par la feinte retraite du rameur, continue sa
route sans trop se hausser; mais la distance prodigieuse à laquelle
il peut se trouver de son adversaire ne le garantit pas de ses at-

teintes, parce que l'excessive hauteur d'où part alors le rameur
rend sa descente rapide au point de largement compenser cette
distance (fig. 38).

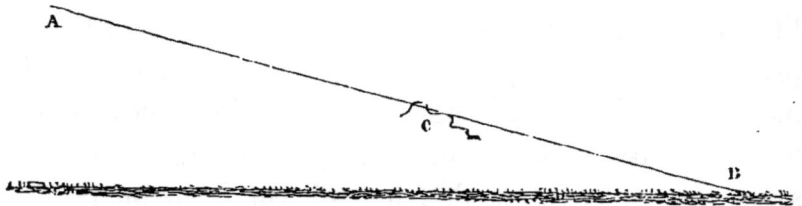

Fig. 38. — C Esquivade du voilier. — A Point de départ de la descente. — B Point où l'oiseau
est descendu à faux, et d'où il tenterait peut-être vainement de reprendre avantage.

Des ressources. — A cette première atteinte, l'entreprise
peut être terminée, et c'est ce qui arrive quand le voilier est sans
défense; le rameur le lie, puis l'amène en culbutant avec lui jusqu'à terre, où il achève de le mettre hors de combat. Mais le
plus souvent le voilier, voyant porter sur lui avec furie, esquive

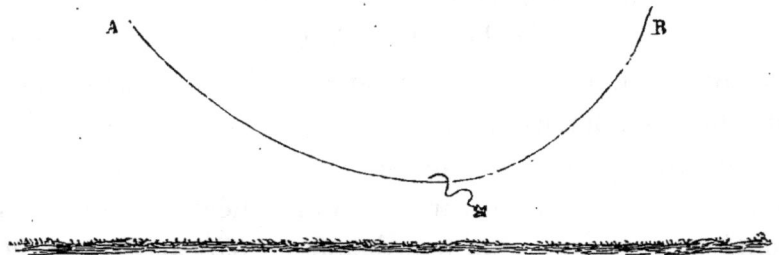

Fig. 59. — A Point d'où part la descente. — A B Ressource. — C Esquivade. — L'oiseau est
reporté en B sans effort, et si promptement, qu'en récidivant, il trouvera sa proie à peu
près au point où il l'a laissée.

par un léger mouvement de côté, et le rameur, emporté par sa
propre vitesse, irait toucher terre et s'y fracasser, s'il n'usait de

certaine faculté qu'il a de s'arrêter au plus fort de sa vitesse et
de se porter droit en haut, au degré nécessaire pour être à portée de faire une seconde descente. C'est ce qu'il exécute en rou-
vrant tout à coup ses ailes, qu'il tenait serrées pendant sa descente. Ce mouvement suffit, non-seulement pour arrêter sa
descente, mais encore pour le porter, sans qu'il fasse aucun effort, aussi haut que le niveau d'où il est parti. On appelle cette
montée passive *une ressource*, du latin *resurgere*. Le tout ensemble, c'est-à-dire la descente et la ressource, s'appelle une passade; ce qui fait à l'œil à peu près l'effet du balancement de l'escar-
polette (fig. 39). Il faut quelquefois plusieurs passades, et souvent
même plus d'une centaine de passades, avant d'obtenir le succès.
Dans ce cas, il n'est pas si étonnant qu'on pourrait le croire que
le rameur soutienne un travail aussi long. Car, fût-il prêt à être
hors d'haleine avant de faire la première passade, il est remis
en haleine par ce mouvement, au point de pouvoir le répéter
sans cesse une heure durant, sans se fatiguer autant qu'en faisant une carrière de médiocre étendue. Le voilier, d'un autre
côté, cherche à prendre son temps pour gagner un nouveau degré de hauteur au-dessus de la portée des ressources, et il en
vient à bout, si le rameur ne presse les passades coup sur coup.
Alors il faut que le rameur entreprenne de nouvelles carrières,
ce qui, quelquefois, le rebute, en sorte qu'il quitte la partie pour
n'y plus revenir, et le voilier détale à son aise, libéré de toute
poursuite, au moins pour cette fois. Une autre ruse du voilier,
consiste à faire durer le combat jusqu'à l'approche de lieux propres à lui servir d'asile; dans ce cas, il prend son temps et s'y
jette soudain, ce qui déconcerte sans retour les mesures du rameur. On est étonné de la promptitude avec laquelle un voilier
dont le vol ordinaire est lâche, comparé à celui du rameur, esquive les passades. C'est précisément la mollesse de son vol qui
le rend maître de ses mouvements. On verra qu'il y a des ra-

meurs, *non de proie*, que leur vitesse extrême rend incapables
d'esquiver les passades.

ENTREPRISES D'UN RAMEUR OISEAU DE PROIE SUR RAMEURS
NON DE PROIE.

On a vu que, dans les entreprises d'un rameur sur un voilier,
l'avantage du dessus du vent se trouve acquis en grande partie
parce que le voilier le cède tout naturellement. Ici, c'est tout le
contraire; et, pour peu que le rameur, *non de proie*, ait d'avance
au-dessus du vent, il ne tient qu'à lui de conserver l'avantage et
de se libérer de la poursuite actuelle. Huber prend le Pigeon
pour exemple du rameur *non de proie*, et le Faucon comme type
du rameur oiseau de proie. Le Pigeon, dit-il, pour peu qu'il ait
d'avantage au-dessus du vent, n'a donc qu'à suivre constamment
sa route dans le vent, sans avoir même besoin de se hausser davantage, pour échapper à tous les efforts du Faucon parti du

Fig. 40. — Le Pigeon se trouvera en D, son second temps, alors que le Faucon, parti de A,
sera à peine parvenu en B et perdra du temps s'il veut gagner le dessus au point favorable, par une carrière pénible, pendant que le Pigeon détalera de nouveau.

point A (fig. 40). Les Pigeons sont excellents rameurs, et ils volent même en plusieurs sens mieux que nul autre oiseau. Ils seraient imprenables, s'ils n'étaient sujets à perdre courage. Les
oiseaux de proie sont avertis par leur instinct de cette disposi-

tion naturelle des Pigeons; aussi le Faucon, au départ, apercevant quelque asile sur la route que prend le Pigeon, s'attend à le voir s'y réfugier; et voici une manœuvre dont on a eu de fréquents exemples : Il renonce à l'impossible, qui serait de gagner le vent au Pigeon; il ne cherche pas même à atteindre le niveau de sa route; mais il s'élève autant qu'il le faut pour n'avoir plus

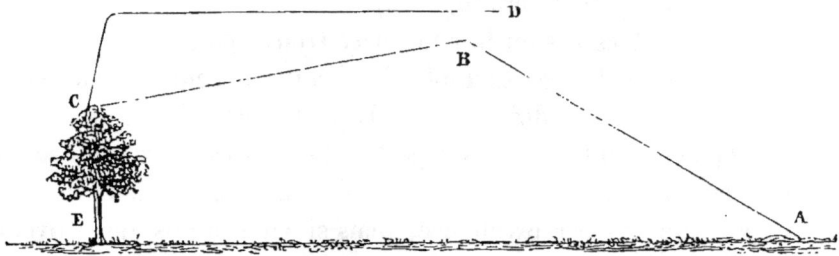

Fig. 41. — Le Faucon, parvenu en B, ménage sa descente pour couper en C le Pigeon, qui parti de D, cherche à atteindre l'arbre E.

qu'à suivre une route inclinée, ce qui double au moins sa vitesse, et lui fait devancer le Pigeon, qui s'efforce en sens horizontal.

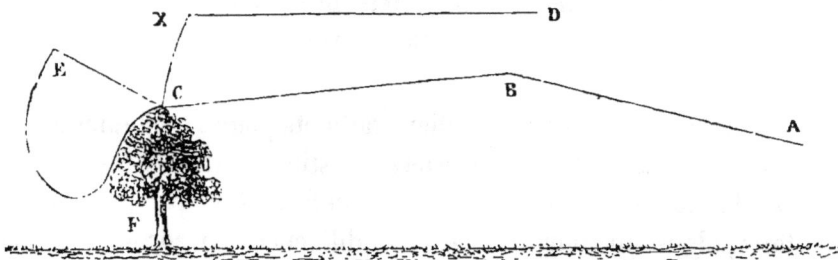

Fig. 42. — Le Pigeon parvenu en X, son second temps, ne filant pas encore. — Le Faucon feint de fondre sur un autre objet. Sa descente produit la ressource en E, d'où il se retourne pour descendre soudain et couper le Pigeon en C.

Maître de le devancer en volant ainsi à la descente, il se retient un peu en arrière pour voir filer le Pigeon sur l'asile et le couper à l'entrée (fig. 41). Il arrive quelquefois qu'un Pigeon, plus futé que d'autres, ne file sur l'asile qu'après s'être vu dépassé par l'oiseau de proie. Mais le Faucon, futé aussi, feint, en dépassant l'asile, de descendre sur quelque autre proie. Le Pigeon, trompé par cette feinte, file en assurance, pendant que le Faucon achève sa passade, et, du sommet E de sa ressource, coupe le Pigeon en C par un coup de revers (fig. 42).

Il est d'autres cas où le Faucon se trouve posté avec un avantage considérable; par exemple, à soixante ou cent toises au-dessus de la traversée des Pigeons. Il peut alors faire avec succès une belle descente; mais, s'il porte à faux, il est rare qu'il soit à même de récidiver. Il n'en est pas de même si des Canards sauvages, rameurs par excellence, mais si vites qu'ils ne peuvent esquiver, viennent à passer à cinquante ou soixante toises au-dessous du Faucon; car alors une descente, pour peu qu'elle touche, met le Canard hors d'état de continuer sa route. Il suffit même qu'il veuille esquiver pour déranger ou rompre son mouvement.

OISEAUX DE PROIE VOILIERS, MAIS DISTINGUÉS SOUS LE TITRE DE VOILIERS SAILLANTS.

On a choisi ce nom de voiliers saillants pour l'appliquer à certains oiseaux (Autours, Éperviers), distingués des autres voiliers par la faculté que leur donne une conformation particulière, de faire, dans un court espace, une diligence extraordinaire, par une espèce de saut, dont les voiliers communs sont absolument incapables. Les ailes de ces oiseaux, quoique parfaitement voilières par leur coupe, sont cependant beaucoup plus fortes que les voilières communes, et cette force est due aux muscles des individus et à la consistance des pennes, qui sont bigarrées, contre l'ordinaire des pennes voilières. Toute l'habitude du corps de ces oiseaux annonce la promptitude dont ils sont capables. Ils sont très-élancés, et cependant membrés très-fortement. Ils ont la tête petite et le col effilé, les épaules et les reins larges, quoique ramassés. Leurs ailes sont très-courtes, leur queue passablement longue; leurs cuisses longues et charnues, ainsi que leurs jambes hautes et nerveuses; leurs serres sont ouvertes, fortes et déliées. Chez eux tout annonce l'aptitude au saut. Leur corps a plus de consistance au toucher que celui des voiliers communs, quoiqu'il en ait moins que celui des rameurs. Leurs mouvements sont brusques, vigoureux et lestes; ils se remettent adroitement, étant attachés sur le poing ou sur la perche, au lieu que les voiliers communs pendent à la perche et se débattent avec la mollesse des oiseaux mouillés. Aussi leur départ au saut est-il aussi prompt que l'éclair. Le saut paraît composé d'un élancement qui part de la plante des pieds, et d'une forte et brusque contraction des ailes; son effet paraît dépendre, pour l'ordinaire, de la position. Il s'effectue de plusieurs manières, de bas en haut, de niveau et de haut en bas. Le saut montant exige le plus d'effort, et ne porte qu'à six ou sept toises. Le saut de niveau, en avant, n'exige guère moins d'efforts et ne porte guère plus loin. Le saut plongeant, qui est le plus ordinaire, exige moins d'efforts que les précédents, parce que l'oiseau s'abandonne en partie à son poids et au ressort qui le relève, comme on l'a vu aux passades des rameurs. La différence qu'il y a cependant du saut à la passade est très-grande par son intention, ainsi que par son résultat. On a vu que la passade reporte à sa hauteur le rameur qui vient de manquer son coup en effleurant sa proie. Le saut porte l'oiseau, en remontant, droit à sa proie, qu'il prend alors par-dessous, et c'est ce qui s'appelle *trousser*. Le saut montant a lieu quand la proie vient passer par-dessus l'oiseau, à la portée de son ressort. Il en est de même du saut en avant.

Mais le saut plongeant est le plus ordinaire, et il porte plus ou moins loin, selon la hauteur d'où il part. La courbe qu'il décrit a presque toujours la même figure, et ne diffère que par l'étendue. Ainsi la courbe qui part du haut d'un arbre est semblable, sans être égale, à celle qui part du poing d'un homme à pied.

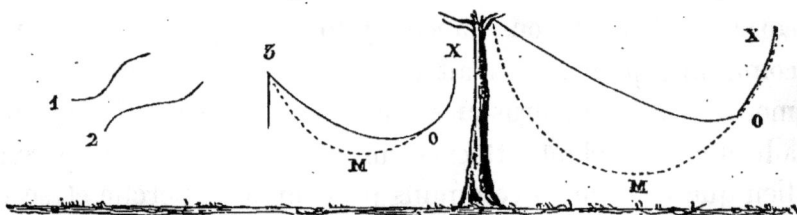

Fig. 43. — 1 Saut montant si prompt, qu'il échappe à la vue. — 2 Saut horizontal de même. — 3 Saut plongeant d'une station peu élevée, le poing d'un homme à cheval. Ce saut porte plus loin que les deux premiers; il est aussi plus assuré. Sa vitesse est due à la descente 3 O, d'où naît la ressource O X, qui, si elle fût partie du point M supposé le milieu d'une courbe régulière, eût été moins vive, attendu qu'il n'y eût pas eu de 3 en M autant de force accumulée qu'il y en a de 3 en O. Ainsi, du saut 3 O X, qui, partant de plus haut, par exemple d'un petit arbre, porte plus loin que le précédent. Le saut plongeant peut porter plus haut que le point d'où il part, et cela dépend de la somme de forces accumulées dans la partie de la courbe qui plonge.

Du haut d'une montagne escarpée, le saut peut porter à un demi-mille. Ce serait trop charger la mémoire des lecteurs que de parler à présent de toutes les variantes que la pratique fait apercevoir, et qui ne sont sensibles, chez les oiseaux asservis, que lorsque les sujets ont des qualités extraordinaires. Le saut, fait ou sans succès, l'aile rendue à son état de volière, n'est plus capable d'aucune vitesse, et ne sert qu'à planer.

Il est encore un moyen que les voiliers saillants n'emploient que dans certains cas, c'est le vol à tire-d'aile en droite ligne. Ces oiseaux entreprennent à tire-d'aile le gibier qu'ils jugent assez faible pour ne pouvoir leur échapper de cette manière. Ils entreprennent aussi à tire-d'aile, de haut en bas, et sont alors

d'une vitesse extrême tant que dure la descente en ligne droite;
mais, pour peu que la proie s'élève en tournoyant, ils renoncent
à l'entreprise. Dans le cas où ni le saut, ni le vol à tire-d'aile ne
peuvent avoir lieu, ces oiseaux s'élèvent, comme les voiliers communs, pour revoir la proie qui est partie hors de leur portée.
De certaine hauteur ils la revoient au loin, marquent sa remise,
et s'y portent à leur aise, se plaçant alors à portée d'employer
leur grand moyen, le saut. Les meilleurs postes sont les arbres
les plus voisins de la remise; à leur défaut, ce sont les pointes
des buissons, et enfin le sol; mais ce doit être de si près du corps
de la proie, qu'il puisse la saisir au moindre mouvement et
avant qu'elle ouvre les ailes.

SUPPLÉMENT AUX MOYENS DES RAMEURS.

On a vu ce que c'est qu'une passade, et l'on se souvient que ce
mot exprime tout à la fois la descente et la ressource. Il reste à
compléter ce qu'on a dit des ressources. Elles portent plus ou

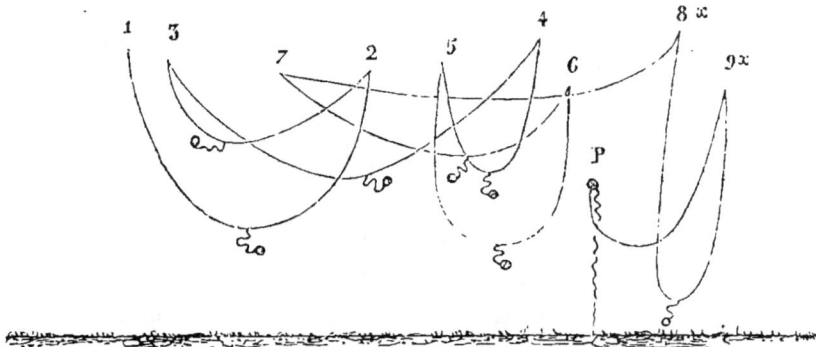

Fig. 44. — Les chiffres aideront à suivre le conflit. — La prise est exprimée par P et par la
chute. — Les esquivades sont exprimées par les petits signes.

moins haut, selon la hauteur d'où sont parties les descentes, et

13

aussi selon la force du mouvement imprimé en descendant (fig. 44).

On a nommé improprement pointe cette partie des passades qui retourne en hauteur et qu'on a mieux nommée ressource, parce que le mot *resurgere* suppose une descente antérieure. On appliquera mieux le mot pointe quand il s'agira d'exprimer cet élan machinal en hauteur qui suit une carrière véhémente, ou même une simple course horizontale. On comprendra plus facilement comment un vol horizontal rapide peut être terminé par une pointe, qu'on ne comprendrait qu'une pointe succède à une carrière. Une carrière n'aboutit effectivement à une pointe que lorsqu'elle a été de si courte haleine que l'oiseau a pu y employer toutes ses forces. Il n'en est plus ainsi après des carrières de longue haleine, parce qu'en pareil cas l'oiseau, guidé par un instinct toujours infaillible, ménage ses forces et son haleine, en ne donnant à ses ailes qu'un mouvement régulier par oscillations égales, et qui ne détermine pas une projection assez surabondante pour produire un pareil élan. Tandis que s'il ne s'agit que d'une entreprise de courte haleine et, pour ainsi dire, d'un coup fourré, il met en activité tout ce qu'il possède de forces, et, au lieu de manier ses ailes par oscillations régulières, il leur donne tout le jeu dont elles sont susceptibles. Chaque battement projette l'oiseau, par un double ressort, à d'assez grandes distances pour qu'un petit nombre de battements fournisse surabondamment à la carrière. L'aile, pendant ces élans, est plus arquée que pendant les oscillations régulières. On la voit même alterner peu sensiblement du plus au moins de repliement. C'est de la suppression soudaine du mouvement imprimé que résulte la pointe, qui sera plus ou moins relevée suivant que la projection aura été plus forte (fig. 45).

Cette manière de voler par élans ou saccades a lieu quand le rameur se propose de faire une espèce de surprise, dans un court

espace, sur des oiseaux qui traversent horizontalement les airs
et ne sont pas enclins à monter verticalement ou à s'élever
comme des voiliers.

Fig. 45. — A B Carrière fournie par élans ou saccades. — B X Pointe. — On voit que quatre
saccades ont suffi pour projeter l'oiseau jusqu'en B, point où il arrête sur coup, sup-
prime ou comprime les forces mises en activité, pour les employer de B en X.

On a vu jusqu'ici quels sont les moyens des oiseaux pour atteindre leur objet. Il va être question des moyens qu'ils ont pour
le saisir, l'abattre, le contenir et le mettre à mort.

Moyens des Rameurs. — Ils saisissent, ou, pour parler
le langage de l'art, ils lient ou mettent à la main la proie qui
est plus légère que vite. Ils frappent la proie qui est plus vite
que légère; par ce moyen ils l'affaiblissent, la ravalent ou l'as-
somment. Les mains fines et déliées des rameurs ont bien assez
de force pour retenir les plus grands oiseaux; mais elles ne sont
pas faites pour tuer la proie par compression. On a vu que les
pouces de la main liante ne diffèrent pas bien sensiblement des
autres doigts, soit en épaisseur, soit en longueur. C'est dans le
bec que réside le moyen de tuer promptement une proie trop
forte pour être longtemps contenue vivante. Ce bec est dentelé.
La dentelure embrasse et assujettit les vertèbres des victimes, la

force du bec les brise, et peut même casser les os des plus grands
oiseaux. Certaine adresse instinctive fait que ces oiseaux attaquent
à l'instant la place fatale, qui, chez les volatiles, est au creux de
l'occiput, et, chez les quadrupèdes, entre l'épaule et les côtes.

Les plus petits des rameurs sont ceux qui tuent le plus vite,
probablement parce que la proie, proportionnellement trop forte,
pourrait leur échapper ou leur donner trop de peine à la contenir en vie. Les Émerillons touchent à peine à la place fatale
que la mort s'ensuit dans l'instant. Peut-être en est-il le plus
souvent de même pour tous les rapaces libres. Le rameur frappe
non-seulement quand la proie est vite, mais encore quand elle
lui paraît trop forte pour être contenue par ses mains liantes.
Pour frapper ou assommer, sa main se dispose de manière à n'a-
gir que par la direction et l'impulsion du corps entier de l'oiseau.
C'est comme agissait la faux des chars armés en guerre. L'ongle
du talon, qui est la faux dans ce cas, est passivement dirigé sur
la partie fatale, autant que faire se peut, et il déchire, brise et
meurtrit tout ce qu'il atteint. Un accident qui arrive quelquefois
aux oiseaux en frappant le lièvre a fait connaître quel est l'organe
frappeur. L'ongle du talon s'accrochant à la peau du quadru-
pède, la passade est rompue et l'oiseau culbute, au risque de se
blesser, de se tuer même assez souvent. On prévient cet incon-
vénient en émoussant les ongles des pouces aux oiseaux pour
Lièvre. Dès lors plus d'accident pareil. Averti par cette épreuve
que l'ongle du pouce est l'organe frappeur, on a pu, malgré la
rapidité des passades, voir les deux mains de l'oiseau ouvertes
et adossées aux côtés charnus du poitrail qui remplissent alors
les fonctions de coussinets destinés à amortir le coup, et le Faucon, ainsi disposé, se porter sur sa proie avec toute l'adresse dont
il est capable, c'est-à-dire en faisant ses passades rasantes et
aplaties; trop arrondies ou trop plongeantes, il risquerait de s'é-
craser lui-même contre terre en portant à faux.

Moyens des Voiliers saillants. — Ces oiseaux sont re-
marquables par leur adresse à saisir leur proie; ils ne frappent
pas, si ce n'est accidentellement. Leur grand moyen c'est de
saisir et d'offenser ensuite leur proie par compression jusqu'à la
mort. Quand ils ont saisi un Lièvre, ils gagnent vite le cou,
qu'ils embrassent tout entier dans une de leurs serres, et ils
l'étouffent à force de serrer. Le bec n'est pas leur organe meur-
trier; la pointe, sans crochets, déchire la peau et les chairs,
mais ne casse les os que lorsque, bien découverts, elle les assujettit dans sa courbure. Dans le fourré le plus épais, ces oiseaux
saisissent leur proie avec une adresse dont on ne saurait se faire
une idée, même après en avoir été plusieurs fois témoin. La
longueur de leurs cuisses et de leurs jambes leur donne dans ce
cas une grande supériorité.

LISTE ALPHABÉTIQUE

DES TERMES DE FAUCONNERIE

ABAISSER. — Rationner les oiseaux trop gras pour les entraîner;
on dit aussi essimer et tenir ferme.

ABANDONNER. — Renoncer à un oiseau vicieux, peu éducable, malade ou trop vieux.

ABATTRE. — Le fauconnier abat un oiseau quand il le tient immobile entre ses mains pour l'observer, lui mettre les entraves, le poivrer, ou lui faire une opération quelconque.

ABÉCHER l'oiseau. — Lui donner une partie du pât ordinaire,
pour le tenir en appétit quand on doit le faire voler.

ABORDER. — On aborde la remise sous le vent pour relever un
gibier qui s'y tient caché.

ACHARNER le leurre. — *To bite the lure*, angl. — Garnir le
leurre de petits morceaux de viande pour affaiter un élève.

ADOUÉE. — Synonyme d'appariée; une Perdrix est adouée.

AFFAIRE. — Un oiseau est dit de bonne affaire quand il est docile
et courageux. Dans le cas contraire, il est de mauvaise affaire.

AFFAITAGE, AFFAITER. — Dresser un oiseau de chasse. — *To train*, angl. — *Treinen*, holl. — Affaitage se dit aussi du temps consacré au dressage et des soins qu'exigent les élèves.

AFFRIANDER. — Faire revenir l'oiseau en lui présentant un pât de gibier ou de Pigeon.

AIGLURES. — Taches rousses ou de couleur claire que présente le pennage des oiseaux.

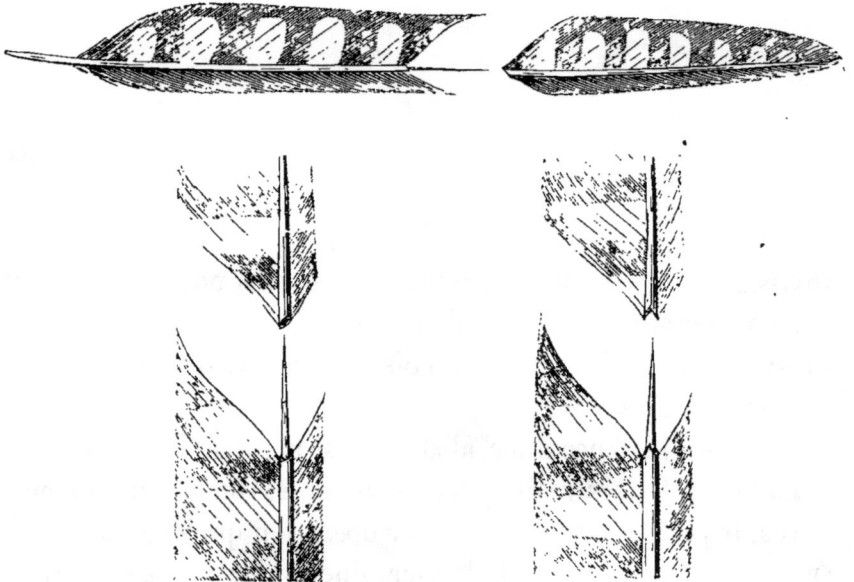

AIGUILLE A ENTER. — Ce sont des aiguilles plates, de quatre à cinq centimètres de longueur, à trois arètes, et effilées aux deux extrémités pour enter une plume. Quand un oiseau a une penne de l'aile cassée, il faut, pour combler le vide qui nuirait au vol, remplacer la partie cassée. On conserve pour cela les pennes des oiseaux qui meurent; on en choisit une de même grosseur que celle à remplacer, on taille à hauteur convenable, en biseau double formant coin, la penne qu'on veut compléter, et en biseau double rentrant la penne à ajuster. Ces pennes, ainsi taillées, s'ajustent bout à bout, et, pour les fixer, on introduit une moitié de l'aiguille dans la moelle de la penne cassée et au milieu du biseau; l'autre moitié s'engage de la même manière dans la moelle de la penne morte. Mais, avant d'employer une aiguille, il faut avoir soin de la tremper dans du vinaigre fort, pour favoriser son oxydation, dont le développement augmente la solidité de l'opération.

AIGUILLE. — Mot employé par les fauconniers pour désigner une maladie assez fréquente chez les Faucons, et produite par la présence de petits vers qui se logent dans la chair, et qu'on détruit avec des lotions d'eau de tabac et de la fumée de tabac introduite sous les plumes.

AILERONS. — On nomme ainsi les petites pennes de l'extrémité de l'aile. — *Pinions*, angl. — *Mesken*, holl.

AIR. — Prendre l'air : se dit d'un oiseau qui s'élève beaucoup pendant le vol.

AIRE. — Nid des oiseaux de proie. — *Airy*, angl. — *Horst*, holl. — Un oiseau aire sur un rocher, veut dire : fait son nid sur un rocher. On dit aussi : un oiseau est de bonne aire, quand il est de bonne race et courageux.

ALBRENÉ. — Un oiseau est albrené quand sa plume est jeune, gâtée ou en désordre.

ALPHANET. — Nom donné au Faucon tunisien, qui n'est qu'une variété du Faucon Lanier.

AILE. — Monter sur l'aile, se dit de l'oiseau qui s'incline sur une aile et s'élève par le mouvement précipité de l'autre.

ALÈTHE. — Nom employé autrefois pour désigner un Faucon de passage qu'on supposait d'une race distincte de celle du Faucon Pèlerin.

AMONT. — Tenir amont, voler amont : se dit de l'oiseau qui se soutient en l'air, contre le vent, en attendant la proie qu'il doit voler. Jeter amont. *Voyez ce mot.*

ANTANAIRE OU ANTÉNAIRE. — On désigne ainsi l'oiseau qui a manqué sa mue et gardé le plumage de l'année précédente. — *Lentiner*, angl. — *Lentenier*, holl.

APOLTRONIR. — Émousser les ongles des pouces d'un oiseau.

APPRIVOISER. — Habituer l'oiseau au poing, le familiariser. — *Spinnen*, holl.

ARMER. — On arme un oiseau quand on lui met les entraves et le grelot. On arme les cures (*voyez ce mot*), quand on les garnit de viande hachée, pour engager les oiseaux à les prendre.

ASSURANCE, ASSURER. — Un oiseau est assuré quand il est hors de filière, c'est-à-dire quand on peut compter sur son retour au rappel. Il vole d'assurance quand il vole bien et sans hésitation. On dit encore qu'il est assuré quand il se tient tranquille sur le poing, sans se débattre.

ATTOMBISSEUR OU TOMBISSEUR. — C'est le second oiseau qui, jeté sur le Héron, le harcèle. Il y a aussi le hausse-pied, qui le premier commence l'attaque et le fait monter; le teneur est le troisième.

AVILLON. — Ongle du pouce ou doigt postérieur.

AVILLONNER. — Se dit du Faucon qui se sert vigoureusement de ses avillons.

AUTOURSERIE. — *Ars accipitraria*, art de dresser et de gouverner l'Autour et l'Épervier. Chasse à l'aide de ces oiseaux de basse volerie.

AUTOURSIER. — Chasseur et éleveur chargé des soins à donner à l'Autour.

AVEUER. — Suivre un gibier de l'œil, le garder à vue.

BAGUETTE OU CHASSOIRE. — Bâton mince et long que portent les autoursiers pour fouiller les buissons.

BAIGNER. — Les oiseaux de vol ont besoin de bains fréquents; il importe de leur donner de l'eau fraîche dans un baquet entouré de sable. Ils ne se baignent généralement pas et boivent encore moins en présence de l'homme. Pour boire, ils plongent la tête dans l'eau jusqu'au dessus des yeux, et n'ont point assez de confiance pour le faire devant un témoin qu'ils redoutent. Aussi, on les porte quelquefois au bord d'un ruisseau et on les attache à la filière, de manière à pouvoir les abandonner sans craindre qu'ils se dérobent; on s'éloigne, et ils se baignent alors à l'eau courante.

BALAI. — Queue des oiseaux de chasse. — *The train*, angl. — Quelques fauconniers disent que ce terme n'est employé que pour les oiseaux de bas vol.

BALANCER, SE BALANCER. — Se dit d'un oiseau qui paraît rester à la même place en observant sa proie. On dit plus vulgairement dans ce cas, qu'il fait la cresserelle.

BARRES. — Bandes transversales de la queue des oiseaux de vol.

BAS VOL. — Vol du Faisan, de la Perdrix, de la Caille, de la Pie, du Geai, etc.

BEC. — Donner du bec et des pennes, se dit de l'oiseau qui, pour augmenter la rapidité de son vol, le soutient par l'agitation de la tête et des ailes.

BECCADE. — Petit morceau de viande qu'on donne à la main aux oiseaux. On donne une, deux ou trois beccades.

BÉJAUNE. — Oiseau jeune et non affaité. Quelquefois terme de mépris en parlant d'un oiseau mal affaité ou paresseux. Ce mot représente *bec jaune*, parce que les commissures du bec des jeunes oiseaux sont pendant longtemps jaunes.

BIGARRURES. — Taches ou mouchetures des ailes et du dos des oiseaux. On emploie dans le même sens les mots : aiglures, égalures, émaillures, tavelures.

BOITE AU PAT. — Boîte en fer-blanc dans laquelle on met la viande hachée destinée aux oiseaux de chasse. — *Aasbus*, holl.

BLOC. — Pied massif en bois ou motte de gazon sur lesquels on place les oiseaux dans la chambre pendant les premiers temps de leur éducation. Quand plusieurs oiseaux sont réunis dans la même chambre, les blocs doivent être assez éloignés les uns des autres pour que les oiseaux ne puissent s'atteindre à longueur de longe.

BLOQUER. — Se dit de l'oiseau qui arrête un gibier par la crainte. Il bloque une Perdrix, c'est-à-dire la tient à son avantage en planant au-dessus. On dit aussi qu'un oiseau se bloque quand il se branche.

BRANCHIER. — Les oiseaux dits Branchiers, — *Taklingen*, holl., — sont ceux qui ont été pris à la sortie de l'aire sur les branches, où ils suivent la mère, ne pouvant pas encore voler ni s'élancer sur une proie. Ceux pris dans l'aire sont désignés sous le nom de Niais.

BRAYER. — Bas-ventre; région inférieure et postérieure du corps des oiseaux de proie. — *Broek*, holl.

BRIDE. — Bande de cuir, fendue dans le milieu de sa longueur, pour recevoir l'aile pliée des oiseaux et la retenir au repos pendant le transport. — *Brail*, angl. — *Breil*, holl.

BRIDER. — Mettre une bride à l'aile de l'oiseau. On dit aussi brider les serres; c'est lier ensemble deux serres de chaque main, pour empêcher un oiseau de charrier sa proie.

BUFFETER. — L'oiseau buffète quand, en volant, il heurte sa proie. Il prend coup quand il souffre du choc.

CAGE. — Civière montée sur quatre pieds, au centre de laquelle se place le fauconnier porte-cage, et qu'il soutient à l'aide de deux bretelles pour la transporter. Les oiseaux chaperonnés sont rangés autour de cette civière. — *Cage*, angl. — *Cagie*, holl.

CAGIER. — On nommait ainsi autrefois les marchands de Faucons.

CANNELUDE. — Préparation composée de sucre, de cannelle et de moelle de Héron, que les fauconniers donnent aux oiseaux destinés au vol du Héron, pour les exciter à cette chasse.

CARRIÈRE. — Temps du vol; vol oblique, vent debout, précédant le degré.

CERCEAUX. — Pennes des ailes qui précèdent la plus longue. — *Ciseel*, holl. — Celles qui suivent la longue sont désignées comme quatrième, cinquième, etc. Les Faucons et les Laniers

14

n'ont qu'un cerceau à chaque aile; les Éperviers en ont trois. *Voyez* fig. 26.

CHANGE. — Prendre change : se dit de l'oiseau qui quitte un gibier pour un autre non chassé, ou pour un Pigeon de passage.

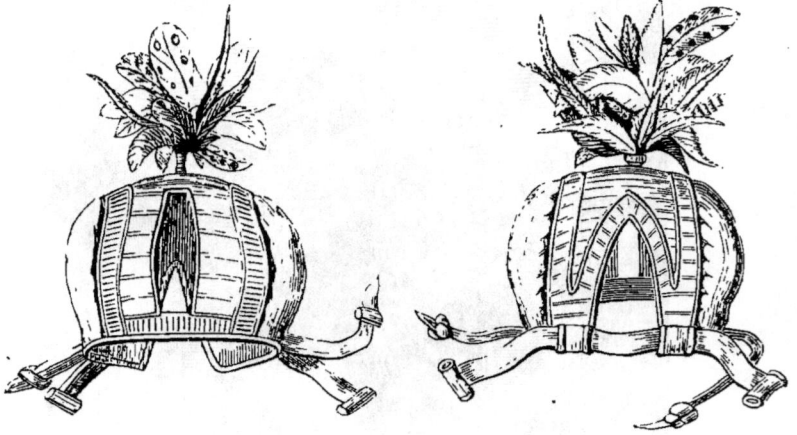

CHAPERON. — Coiffe ornée dont on couvre la tête des oiseaux de vol. Le chaperon, — *Hood*, angl. — *Kap* ou *Huif*, holl., se compose d'œillères ajustées sur des formes en bois, taillées sur la tête de l'oiseau. Le chaperon, plus ou moins riche ou coquet, se fait avec des cuirs de couleur vive; il doit être bien proportionné à la tête de l'oiseau : trop large, il ne tient pas; trop étroit, il blesse ou froisse les plumes. On désigne sous le nom de chaperon de rust, celui qui est sans ornements et qui sert à couvrir la tête des oiseaux de proie sauvages qu'on prend au moment du passage pour les dresser. — *Rusthood*, angl. — *Reushuif*, holl.

CHAPERONNER. — Mettre le chaperon. — *To hood*, angl. — *Ophuiven*, holl.

CHAPERONNIER. — Un oiseau est bon chaperonnier quand, habitué au chaperon, il le porte patiemment et se le laisse mettre ou ôter sans se défendre.

CHARRIER. — L'oiseau charrie sa proie quand, après l'avoir prise, il l'emporte au loin et ne revient qu'après qu'on l'a réclamé. Il charrie encore sa proie quand il s'emporte trop loin à la poursuite du gibier. — *Carrying*, angl. — *Trossen*, holl.

CHASSOIR. — Baguette des autoursiers.

CHAUSSER. — On chausse la grande serre d'un oiseau quand on enveloppe l'ongle de ce doigt d'un morceau de peau pour diminuer son action.

CHEMISE OU LINGE. — Toile destinée à envelopper les oiseaux de proie sauvages qu'on prend au passage. — *Valkenzak*, holl. — C'est un morceau de toile dont deux extrémités repliées forment des poches dans lesquelles se placent les ailes de l'oiseau, et dont le reste sert à l'emmaillotter, à l'aide de deux rubans dont on enveloppe les serres. Avant de lui mettre la chemise, on le chaperonne et on lui bride les serres; il est transporté ainsi à la fauconnerie. On désigne aussi le duvet de l'oiseau sous le nom de chemise.

CHEVAUCHER. — Un Faucon chevauche quand il résiste au vent ou s'élève par secousses contre le vent.

CILLER, SILLER OU CHILLER. — *Sealing*, angl. — *Breeuven*, holl. — Relever à l'aide d'un fil les paupières inférieures d'un oiseau. On passe avec une aiguille un fil au bord du tiers postérieur de la paupière inférieure de chaque œil; les bouts du fil sont réunis sur la tête et tordus. L'oiseau ne voit alors qu'en avant.

CIRE. — Membrane jaune ou jaune bleuâtre qui couvre la base du bec des oiseaux de proie.

CLATIR. — Un Chien clatit quand il poursuit une Perdrix de concert avec l'oiseau de vol et qu'il aboie pour avertir le chasseur.

CLEFS. — Ongles des doigts des Faucons.

CLEF. — Alène en bois qui sert à ouvrir la boutonnière des entraves et assujettir le nœud. — *Schoenpen,* holl. — On se sert aussi d'une petite tige de fer terminée en boucle pour fixer les nœuds des grelots; ce petit instrument est désigné par les fauconniers hollandais sous le nom de *Bel-ijzer.*

CLUSER. — Le fauconnier cluse une Perdrix quand, par un cri particulier, il excite les Chiens à la levée de la remise.

COINS. — Côtés de la queue des oiseaux. On dit la première, la deuxième penne du coin droit, du coin gauche.

CORNETTE. — Ornements de la partie supérieure du chaperon.

COUP. — Prendre coup se dit de l'oiseau qui heurte sa proie trop fortement et se blesse.

COURONNE. — La couronne du bec n'est autre chose que la cire; d'après quelques auteurs, elle est seulement formée par les plumes sétiformes qui se trouvent à la base de la cire.

COURTOISIE. — Faire courtoisie, faire plaisir à un Autour ou à un Épervier, c'est leur permettre de plumer l'oiseau qu'ils viennent de prendre.

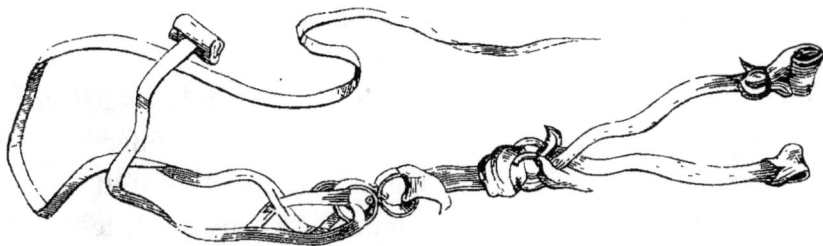

COURTRIER. — Petite lanière de cuir longue de 5 centimètres, employée pour l'Autour seulement, et qui se place entre les *jets* et les *vervelles.* Cette pièce supplémentaire est indispensable pour un oiseau qui se débat volontiers et serait sans cela exposé à tordre sa longe. — *Shortleash*, angl. — *Kortveter*, holl.

COUVERTES OU COUVERTURES. — Ce sont les deux pennes médianes de la queue des oiseaux de vol. — *Dekvederen*, holl.

CRÉANCE. — Un oiseau est de peu de créance quand il est sujet à se perdre. *Voy.* FILIÈRE.

CROLER. — Se dit du bruit que font les oiseaux en se vidant par le bas.

CURES. — Pilules de plumes, d'étoupes ou de poils, mélangés d'ail et d'absinthe, qu'on donne aux oiseaux pour favoriser la digestion, et qu'ils rejettent pendant la nuit. Il ne faut point paître un oiseau qu'il n'ait rendu sa cure. On dit curer un oiseau, lui faire prendre cure. La cure se compose aussi, dans certains cas, de viande, dans laquelle on met un petit morceau de manne ou d'aloès.

DAGUER. — Un oiseau dague quand il fond vite sur sa proie.

DÉCHAPERONNER. — Oter le chaperon. — *To unhood*, angl. — *Afhuiven*, holl.

DEGRÉ. — On désigne sous ce nom le vol horizontal vent arrière que parcourt un oiseau qui tend à s'élever après une carrière.

DÉLONGER. — Oter la longe à un Faucon.

DÉROBER. — Un Faucon dérobe ses sonnettes quand il reprend sa liberté sans permission et ne revient pas au rappel. Il n'est pas de bonne compagnie. « Quand l'oiseau est esgaré, ou on ne peut ouyr ses sonnettes, c'est pour ce que les oiseaux de proye, par leur astuce, portent souvent leur proye ès cavernes ou près des eaux, parquoy on ne peut ouyr les sonnettes : lors regarde où verras les oiseaux voller et crier, car là doit être le tien, qui est cause du cry des autres. » (*Fauconnerie* de G. Tardif, p. 71, verso.)

DÉROCHER. — Se dit du gibier à poil qui, près d'être saisi par un Faucon, se précipite d'un rocher pour éviter d'être pris.

DÉROMPRE. — L'oiseau a dérompu sa proie quand son choc a rompu son vol et qu'il l'a jetée à terre.

DESCENTE. — Mouvement rapide de l'oiseau qui du haut des airs plonge sur sa proie.

DÉSEMPELOTOIR. — Petite tige de fer avec laquelle on retire de la mulette la viande que le Faucon ne peut digérer.

DEVOIR OU DROIT. — Portion du gibier due à l'oiseau qui l'a pris. Ce droit se compose du cœur, du foie, quelquefois de la cuisse ou de l'aile.

DOIGTS. — Ce sont les serres des Faucons.

DUIRE. — S'emploie par quelques-uns comme synonyme d'affaiter.

ÉMEUTS, ÉMEUTIR. — Fienter. Émeuts, fientes des oiseaux de chasse. — *Mutes*, angl. — *Smettsel*, holl. — Les émeuts doivent être blancs et clairs. Les émeuts bleus ou verts sont un signe de maladie et de mort prochaine.

EMPELOTÉ. — Un oiseau est empeloté quand il ne peut digérer ce qu'il a avalé. On emploie le désempelotoir.

EMPIÉTER SA PROIE. — Se dit de l'oiseau de bas vol qui saisit bien son gibier.

ENDUIRE. — On dit qu'un oiseau enduit bien quand il digère bien.

ENTER UNE PENNE. — Faire, à l'aide d'une aiguille, tenir une portion de penne sur ce qui reste d'une penne cassée. — *Imping*, angl. — *Eene veder aansteken*, holl. — *Voy.* AIGUILLE.

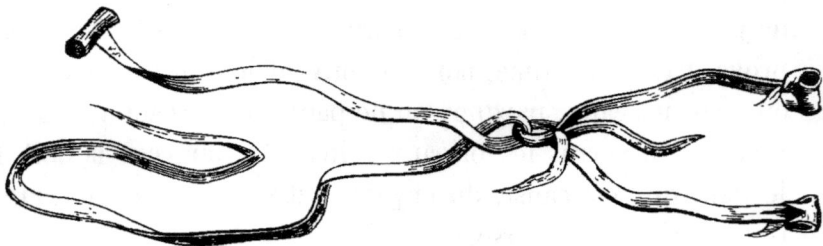

ENTRAVES. — Liens qu'on met aux pattes des oiseaux. Ils comprennent les jets, les vervelles, la longe, et une quatrième pièce pour l'Autour seulement, c'est le courtrier.

ESCAPER. — Mettre en liberté. Le fauconnier escape un Héron, une Perdrix, un Pigeon, pour faire voler le Faucon qu'on veut dresser. Mettre à l'escape un Pigeon ou tout autre oiseau, c'est aussi le mettre à la filière pour la leçon.

ESCLAME. — Faucon bien proportionné et présentant toutes les qualités pour un beau vol. Terme opposé à celui de Goussaut, qui signifie trop court, mal proportionné.

ESCUMER. — Un Faucon escume sa proie quand il passe sur elle sans la saisir. On dit qu'il escume la remise quand il passe sur une proie qui s'est rasée ou retranchée dans un buisson. Il escume les chiens quand il vole en suivant ces derniers à la poursuite d'un gibier.

ESSIMER. — Rationner les oiseaux trop gras pour les entraîner.

ESSOR. — Monter à l'essor, monter d'essor : s'élever dans l'air. Ce mouvement doit être fait sans hésitation, mais sans trop de vivacité.

ÉTUI. — Roseaux préparés pour couvrir les pointes du bec d'un Héron ou d'une Grue qu'on met au piquet ou qu'on escape pour dresser un Faucon. — *Reigerpijpen*, holl.

FAIRE LA TÊTE. — Habituer l'oiseau au chaperon.

FAUCON ROYAL. — On dit Faucon royal un Faucon niais bien dressé.

FAUCON PÈLERIN. — Faucon pris au passage; terme vague s'appliquant aussi spécialement à une espèce : *Falco Peregrinus*.

FAUCON GENTIL. — Faucon de passage qu'on prend en août et septembre, généralement d'un affaitage facile.

FAUCON SORS. — *Voyez* SORS.

FAUCON HAGARD. — *Voyez* HAGARD.

FAUCONNERIE. — Art de dresser et de gouverner les oiseaux de haut ou bas vol (*Ars Falconaria*). — Équipage de Faucons et tout ce qui en fait partie. — Volière destinée aux oiseaux de vol.

FAUCONNIER. — Chasseur et éleveur attaché à la fauconnerie. Se dit aussi du maître de l'équipage ou de l'officier chargé de le diriger. Dans les beaux temps de la fauconnerie, la charge de fauconnier du roi n'était confiée qu'à un grand officier.

FAUCONNIÈRE. — Gibecière du fauconnier. — *Hawkingbag*, angl. — *Valkenierstasch*, holl. Elle a deux poches : l'une pour loger les instruments du métier, l'autre pour recevoir les oiseaux vivants destinés à l'éducation des Faucons en plaine.

FILANDRES. — Vers intestinaux des oiseaux de proie.

FILIÈRE. — On dit aussi CRÉANCE et TIENS-LE-BIEN. — Ficelle de dix à quarante mètres de longueur qui s'attache aux jets pour permettre à l'élève une certaine étendue de vol, tout en le tenant captif, ou qui sert à laisser voltiger un gibier destiné aux leçons. — *Creance*, angl. — *Vliegdraad*, holl.

FORMES. — On désigne sous ce nom les femelles des oiseaux de proie; les mâles sont des Tiercelets.

FRAPPER SA PROIE. — Se dit du Faucon seulement qui heurte vigoureusement son gibier. — Le Faucon lie sa proie; l'Autour empiète la sienne.

FRELON. — Petit bouton qui se voit au centre des narines des oiseaux de chasse.

FRIST-FRAST. — Aile desséchée et montée d'un Pigeon ou d'une Poule pour frictionner les oiseaux de chasse qui n'aiment pas le contact de la main.

FUITE. — Un Faucon qui s'écarte beaucoup en volant est, dit-on, sujet à de grandes fuites.

FUSTER. — Un gibier a fusté quand il s'est échappé après avoir été pris; on dit qu'un Faucon sauvage fuste quand il évite le piége qui lui est tendu.

GORGE. — Bonne gorge. — *A gorge*, angl. — *Een goede krop*, holl. — Demi-gorge. — *Een halve krop*, holl. — Quart de gorge. C'est-à-dire indication de la quantité de nourriture donnée. Gorge chaude, nourriture vivante.

GOUSSAUT. — Faucon mal proportionné, trop court. Terme de mépris.

GRELOT. — L'oiseau de vol a toujours un grelot attaché à la main gauche, au-dessus du nœud des jets. Ce grelot, désigné aussi sous le nom de sonnette, est fixé autour du tarse à l'aide d'un petit anneau ou jarretière de cuir. — *Bell*, angl. — *Bel*, holl.

GRUYER. — Oiseau dressé pour le vol de la Grue.

GUINDER. — L'oiseau se guinde quand il s'élève au-dessus des nues.

HAGARD. — Sauvage. Un Faucon hagard est l'oiseau pris sauvage à la fin de sa première année et en livrée complète. Il est généralement plus difficile à dresser que les Faucons niais ou les Faucons branchiers. — *Haggard*, angl. — Brisson dit, en parlant de la signification de ce mot, que c'est ainsi qu'on désigne les Faucons adultes, et qu'on les appelle aussi bossus. « Lorsque le Faucon est avancé en âge, ajoute-t-il, il contourne parfois son cou de manière à le cacher complétement entre les épaules, ce qui le fait paraître beaucoup plus court, de sorte qu'à peine la tête paraît-elle au-dessus des ailes lorsqu'elles sont pliées, et alors il semble être bossu. »

HAUSSE-PIED. — On désigne ainsi le Faucon qu'on jette le premier sur un Héron pour le faire monter; le second est le tombisseur, et le troisième le teneur.

HAUT VOL OU VOL ROYAL. — Vol du Héron, de la Grue, du Milan.

HÉRISSONNER. — Un oiseau hérissonne quand ses plumes se relèvent et que ses yeux sont enfoncés et couverts. Cette maladie exige l'emploi de fumigations faites avec du vin chaud.

HÉRONNER. — Voler le Héron.

HÉRONNIER. — Faucon dressé pour le vol du Héron.

HÉRONNIÈRE. — Étang fréquenté par les Hérons. — Lieu où l'on élève des Hérons. — Lieu où les Hérons déposent leurs œufs et couvent. — Lieu où les Hérons se retirent chaque soir pour passer la nuit.

INTRODUIRE. — Un Faucon est introduit quand, après les premières leçons, il se montre docile et qu'il répond aux soins qu'on lui donne.

JABOT. — *Voyez* NULETTE.

JARDIN. — Cour de la fauconnerie, destinée à l'exposition des oiseaux au soleil.

JARDINER. — Faire prendre l'air à un oiseau; l'exposer sur un bloc au soleil. — *Weathering*, angl.

JETS. — Partie supérieure des entraves, composée de deux pièces semblables en cuir souple et passées autour des tarses à l'aide d'un nœud bouclé. — *Jesses*, angl. — *Schoenen*, holl. — *Voyez* p. 160.

JETER AMONT LE FAUCON. — Laisser voler librement et contre le vent le Faucon au-dessus des chasseurs qui quêtent le gibier.

JETER. — On jette un oiseau de haut vol quand on le fait partir du poing sur une proie. Lâcher ne se dit que des oiseaux de bas vol. Ouvrir la main pour lâcher les jets ou entraves.

LANERET. — Mâle du Faucon Lanier.

LARGE. — L'oiseau fait large quand il écarte ses ailes au repos; c'est un signe de santé.

LÉGER. — Un Faucon est léger quand il soutient bien son vol.

LEURRE OU RAPPEL. — *Lure*, angl. — *Loer*, holl. Planchette recouverte sur ses deux côtés par les ailes et le manteau d'un Pigeon pour rappeler les oiseaux. Le leurre est garni, entre la bifurcation des ailes, d'un petit ruban destiné à nouer au besoin un morceau de viande. A sa partie supérieure est fixé un anneau qui reçoit une ficelle permettant de l'agiter en l'air pour le faire voir de loin par l'oiseau qu'on leurre.

LÈVE-CUL. — Vol du Faucon au départ de l'oiseau qu'on fait lever devant lui.

LEURRER A VIF. — Montrer un Pigeon attaché à une ficelle pour rappeler les oiseaux de haut vol. L'oiseau de bas vol revient à la voix ou à l'aide du tiroir.

LIER SA PROIE. — *To bind*, angl. — *Binden*, holl. Se dit du Faucon qui, à l'aide de ses serres, arrête le gibier qu'il chasse ou le tient à terre. L'Autour empiète sa proie; le Faucon la lie.

LINGE. — Quelques fauconniers emploient ce mot comme synonyme de chemise.

LONGE. — Lanière en cuir, longue de près d'un mètre, et qui sert à attacher les oiseaux à la perche ou à la cage. — *Leash*, angl. — *Langveter*, holl.

MADRÉS. — Faucons communs dressés et de deux ou plusieurs mues.

MAHUTES. — Partie supérieure des ailes de l'oiseau près de l'épaule du côté qui touche le corps.

MONTER EN FAUCONNIER. — Veut dire monter à cheval du côté droit ou du pied droit; c'est ainsi que montent les fauconniers qui portent le Faucon sur le poing gauche.

MAIN. — Serres des oiseaux de haut vol. On dit qu'un Faucon a la main habile, fine, bonne, gluante, bien onglée, quand il ne manque pas sa proie et la lie avec assurance. Les serres des oiseaux de bas vol conservent le nom de pieds. Main de Faucon, pied d'Autour. — *Poot*, holl.

MANTEAU. — Partie supérieure du corps, des épaules, au milieu du dos des oiseaux.

MONTÉE. — Vol par carrières et degrés sur une proie qui fuit ou qui passe.

MUÉ. — Oiseau de plus d'un an, mais pris sauvage dans le cours de sa première année et avant sa première mue, qui s'est faite en captivité. — *Intermiewed*, angl. — *Muiters*, holl.

MUE. — L'âge des oiseaux de chasse est indiqué par le nombre des mues annuelles. On dit Faucon d'une, deux ou trois mues.

MULETTE. — Partie du tube digestif désignée chez les autres oiseaux sous le nom de jabot.

MUTIR. — Fienter.

NIAIS. — On désigne sous ce nom les Faucons qui ont été pris dans l'aire et encore couverts de duvet, au moins sur la tête, et élevés à la fauconnerie. Un Faucon niais, bien élevé, est désigné aussi sous le nom de Faucon royal. — *Eyesses*, angl. — *Nestling*, holl.

NOUER LA LONGE. — On dit nouer la longe d'un Faucon quand

on lui fait quitter la volerie pour quelque temps, soit au moment de sa mue, soit pour le reposer ou le soigner.

OISEAU D'ÉCHAPPE OU D'ESCAPE. — C'est un oiseau dressé qui a dérobé ses sonnettes ou s'est perdu, et qui, appartenant à un autre équipage, est trouvé par un fauconnier ou vient se rendre à son rappel. On désigne aussi sous le nom d'oiseaux d'échappe ou d'escape les oiseaux vivants, Pigeons, Perdrix, Hérons, qu'on lâche devant un Faucon pour le dresser. (*Voyez* ESCAPE.)

OISEAU DE LEURRE. — Les oiseaux de leurre sont les Faucons; ils sont dressés à revenir au leurre. Haut vol.

OISEAU DE POING. — Se dit des oiseaux qui, comme l'Autour et l'Épervier, reviennent au poing. Bas vol.

OISEAU DE TRAVAIL, DE GRAND TRAVAIL. — C'est le Faucon bien dressé, courageux, toujours prêt à voler, et qui ne se rebute pas.

PAIRONS. — Père et mère de l'oiseau.

PAÎTRE LES FAUCONS. — Donner le repas aux oiseaux. — *Azen*, holl.

PANTOIS. — Asthme des Faucons. Un oiseau pantoise quand sa respiration est gênée.

PAREMENT. — Diversité des couleurs qui parent les ailes d'un oiseau de proie.

PASSAGER. — Oiseau adulte pris au passage pendant une migration.

PAT. — Nourriture particulière des oiseaux de fauconnerie. — *Aas*, holl.

PÈLERIN. — Faucon commun de passage. — *Passage-Hawk*, angl. — *Pelgrim*, holl.

PELOTE. — Détritus de plumes, de poils, d'os, etc., que l'oiseau ne peut digérer et qu'il rejette.

PENNES. — Longues plumes des ailes et de la queue. Les pennes

des ailes ne sont pas de même longueur; la plus longue est désignée sous le nom : la longue.

PENNES AFFAMÉES. — Les oiseaux niais dont la nutrition ne s'est
pas bien faite ont quelques pennes dont le développement est
retardé plus ou moins, et qui laissent des vides entre les pennes développées. Ces pennes, arrêtées dans leur accroissement,
sont dites pennes affamées. Les oiseaux adultes ont aussi quelquefois des pennes affamées, soit au moment de la mue, soit
après la chute accidentelle d'une penne. — *Hungertrace*,
angl. — *Hongermalie*, holl.

PERCHOIR. — Se dit du local où logent les Faucons. — *Valken-
kamer*, holl.

PERCHE. — Support préparé pour reposer les Faucons introduits.
La partie postérieure et transversale de la perche ne doit être
ni trop grosse ni trop mince; il faut qu'elle puisse remplir les
mains de l'oiseau, et que les avillons viennent s'opposer aux
ongles des doigts. On garnit souvent le dessous de cette pièce
transversale, jusqu'au sol, d'un rideau en paille tressée, pour
que l'oiseau ne roule pas sa longe autour de la perche.

PIQUER. — Le fauconnier pique après la sonnette quand il suit le
vol pour arriver à la chute.

PIQUET. — On met un oiseau vivant au piquet, quand on l'attache à un piquet à peu de distance de l'élève qui doit le connaître et finit par le dévorer.

PLAISIR. — Faire plaisir, faire courtoisie, faire jeu à l'oiseau,
c'est lui laisser plumer son gibier ou lui permettre de lui
donner quelques coups de bec.

POIL. — Mettre à poil. Dresser un oiseau à la chasse du gibier à
poil.

POING. — Un oiseau de poing est celui qui, réclamé, revient sur
le poing sans leurre.

POINTE. — Un oiseau fait une pointe quand il file loin droit devant lui sans se détourner.

POINTER. — Un oiseau pointe quand il monte ou descend rapidement pendant le vol.

POIVRER. — un Faucon : c'est le mouiller pour l'assurer quand il est indocile, ou bien c'est le laver avec de l'eau et du poivre pour le débarrasser de la vermine. On le poivre aussi dans le même cas avec une infusion de tabac ou en lui soufflant de la fumée de tabac entre les plumes.

PORTE-CAGE. — Aide-fauconnier chargé du transport des Faucons. *Hawkcarrier*, angl. — *Cagiedrager*, holl.

PORTE-GRELOT. — Petite lanière de cuir qui enveloppe le tarse de l'oiseau et supporte le grelot.

PRENDRE MOTTE. — Se dit de l'oiseau de chasse qui se pose à terre.

RAMER. — Se dit de l'oiseau qui vole en agitant ses ailes comme des rames.

RAMEURS. — Faucons. Ils ont les ailes vigoureuses et serrées de manière à frapper l'air avec force.

RAMOLLIR. — On ramollit, à l'aide d'une éponge mouillée et maintenue par une bande, les plumes froissées d'un oiseau pour les redresser.

RAPPEL. — Synonyme de leurre.

RASER L'AIR. — Se dit de l'oiseau de vol qui plane.

REBUTÉ. — Un oiseau qui ne veut plus voler.

RÉCLAMER. — Rappeler un oiseau pour le faire revenir au poing

REDONNER. — Un Faucon redonne quand il poursuit de nouveau un gibier pris et qui s'échappe.

REJOINDRE. — Se dit des oiseaux qu'on jette en second ou en troisième, et vont aider le premier. — *To join*, angl. — *Inkoppelen*, holl.

REMARQUEUR. — Aide-fauconnier qui se poste à distance pour faire des signaux ou pour suivre à vue les oiseaux.

REMONTER. — Donner plus de nourriture aux oiseaux de vol maigres.

ROCHIER. — Voyez la description du Faucon Émerillon.

SACRET. — Mâle du Faucon Sacre.

SONNETTE. — *Voyez* GRELOT et DÉROBER.

SORS OU SOR. — Surnom des oiseaux de vol qui sont dans leur première année avant la mue. En Angleterre et généralement à l'étranger, on désigne ces oiseaux sous le nom de rouges. — *The red Falcon*, angl. — *Rood Valk*, holl.

TAQUET. — Morceau de bois sur lequel on frappe pour faire revenir un oiseau en le rappelant.

TARTARET. — Voyez la description du Faucon Pèlerin.

TENEUR. — On désigne ainsi le Faucon jeté le troisième sur un Héron, vol royal.

TÊTE. — Faire la tête. Habituer l'oiseau au chaperon.

TENIR FERME. — Rationner les oiseaux pour les entraîner.

TENIR LA CURE. — Un Faucon tient la cure quand la cure a produit son effet.

TENIR A MONT. — Se dit de l'oiseau qui se soutient en l'air pour découvrir le gibier qu'il doit voler au cul levé.

TRAÎNEAU. — Peau de lapin empaillée pour affaiter les oiseaux.

TRAVAIL. — On dit qu'un oiseau est de bon ou de grand travail quand il est fort, courageux et bien dressé.

TIENS-LE-BIEN. — Synonyme de filière ou de créance.

TIERCELET. — Mâles de quelques oiseaux de chasse : Gerfaut, Faucon, Autour, Émerillon. Le mâle du Faucon Sacre est appelé Sacret. — *Sackerel*, angl. — Celui du Lanier, Laneret. — *Lanneret*, angl., — et celui de l'Épervier, Mouchet ou Émouchet. — *Musket*, angl. Les femelles seules portent le nom de l'espèce. Suivant les uns, le nom de Tiercelet a été donné parce qu'il n'y a qu'un seul mâle dans une nichée de trois. Suivant d'autres, parce que le mâle est le plus petit de la nichée. On dit aussi que c'est parce que l'éclosion de son œuf s'est faite après celle des deux autres. Enfin il paraît aussi probable que le nom de Tiercelet tient à ce que les mâles des oiseaux de proie en général sont de près d'un tiers plus petits que les femelles. — *Tiercel*, angl. — *Taleken*, holl. — *Terzel*, allem.

TIRER. — Laisser tirer. Permettre au Faucon de prendre quelques beccades au tiroir.

TIROIR. — Aileron frais ou sec de volaille préparé pour l'affaitage et employé pour rappeler l'oiseau au poing.

TRAIN. — Faire le train à un Faucon élevé, c'est lui donner un oiseau tout dressé pour exemple.

TUNISIEN, THUNISIAN OU PUNICIEN. — Voyez la description du Faucon Lanier.

VANNEAUX. — Les fauconniers désignent sous ce nom les pennes adhérentes à l'avant-bras.

VAU LE VENT. — Vol dans la direction du vent.

VEILLER. — On veille un Faucon pour l'empêcher de dormir et le dompter.

VERVELLES. — Petits anneaux de cuivre réunis à un point de leur circonférence par un clou rivé qui leur permet de tourner l'un sur l'autre, de façon à empêcher l'enroulement de la longe. Ces anneaux sont aplatis sur les côtés et placés à l'extrémité des jets. D'un côté est gravé le nom du propriétaire; de l'autre celui du chef fauconnier. — *Swivel*, angl. — *Draal*, holl. Ces anneaux reçoivent le porte-mousqueton de longe.

VIF. — Donner du vif, c'est donner une nourriture vivante.

VOL. — Chasse à l'aide de Faucons. Équipage d'oiseaux pour la chasse, avec tout ce qui s'y rattache, fauconniers, Chevaux, Chiens, etc.

VOL ROYAL. — Se dit du vol du Héron, de la Grue, du Milan, etc.

VOLER. — Chasser avec des oiseaux dressés.

VOLER POUR BON. — Un oiseau vole pour bon quand son éducation est complète. Voler de poing en fort, lâcher les oiseaux de bas vol.

VOLER D'AMOUR OU D'AMONT. — Expression employée par quelques auteurs pour les Faucons jetés amont et qui volent librement au-dessus des Chiens et devant les chasseurs. — *Waiting on*, angl. — *Aanwachten*, holl.

VOLERIE OU VOL. — Chasse avec les oiseaux de proie. La haute volerie est celle du Faucon sur le Héron, la Grue; du Gerfaut et du Sacre sur le Milan. La basse volerie est celle de l'Autour, du Lanier et du Tiercelet de Faucon sur le Faisan, la Perdrix, la Caille, la Pie, la Corneille, le Lièvre et le Canard.

VOL POUR LES CHAMPS. — Petit équipage pour le vol de la Perdrix, etc.

VOL POUR RIVIÈRE. — Petit équipage pour le vol du Canard et des oiseaux d'eau.

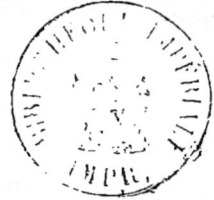

FIN.

TABLE

PARIS. — IMP. SIMON RAÇON ET COMP., RUE D'ERFURTH, 1.

www.ingramcontent.com/pod-product-compliance
Lightning Source LLC
Chambersburg PA
CBHW031327210326
41519CB00048B/3478